Gerhard Kreysa

Fusionsfieber

Ein Roman

WILEY-VCH

Weinheim · New York · Chichester · Brisbane · Singapore · Toronto

Prof. Dr. G. Kreysa
DECHEMA
Theodor-Heuss-Allee 25
D-60486 Frankfurt/Main

Das vorliegende Werk wurde sorgfältig erarbeitet. Dennoch übernehmen Autor und Verlag für die Richtigkeit von Angaben, Hinweisen und Ratschlägen sowie für eventuelle Druckfehler keine Haftung.

Die Deutsche Bibliothek – CIP-Einheitsaufnahme
Kreysa, Gerhard:
Fusionsfieber : ein Roman / Gerhard Kreysa. – 1. Aufl. – Weinheim :
Wiley-VCH, 1998
ISBN 3-527-29627-1

Gedruckt auf säurefreiem und chlorfrei gebleichtem Papier

Umschlaggestaltung: Grafik-Design Schulz, D-67136 Fußgönheim
Satz: DTP Johanna Boy, D-93179 Brennberg
Druck und Bindung: Franz Spiegel Buch GmbH, D-89081 Ulm
Printed in the Federal Republic of Germany

Für Felicitas, Juliane und Clemens

Die Handlung des Buches ist frei erfunden, obwohl sie auf einer tatsächlichen wissenschaftlichen Begebenheit beruht. Alle Ähnlichkeiten mit lebenden Personen sind nicht beabsichtigt und deshalb rein zufällig.

Vorwort

Es ist eher unüblich, einer Erzählung oder einem Roman ein Vorwort voranzustellen. Wenn es dennoch geschieht, so deshalb, weil ich vermute, daß dieses Buch vorwiegend solche Leser finden wird, denen der Brauch, in einem Vorwort Beweggründe für dessen Entstehung darzulegen, durchaus geläufig ist.

Liest man in der Zeitung, daß ein Banker sein Geld unter Umgehung des Finanzamtes nach Luxemburg transferiert, oder ein Wissenschaftler gefälschte Versuchsergebnisse publiziert hat, so besteht die einzige Gemeinsamkeit beider Handlungen wohl darin, verwerflich zu sein. Schon die Motive sind sehr unterschiedlich. Bei dem einen wird man Geldgier, beim anderen eher Ruhmessucht vermuten. Auch die Kontrollmechanismen, an denen solche Machenschaften in der Regel scheitern, besitzen kaum Gemeinsamkeiten. Gottlob gilt für beide, daß die Schurken noch immer in der Minderheit sind. Erweist sich die Finanzierung einer riskanten Unternehmensgründung als sehr einträgliche Geldanlage oder gelangt ein Wissenschaftler zu einer Erkenntnis, die ihn in die Weltspitze seines Faches führt, so sind dies wiederum ganz andersartige und sehr spezifische Erfolgserlebnisse.

Überlegungen und Vergleiche dieser Art führen zu der Erkenntnis, daß sich in unserer modernen Industriegesellschaft ausgeprägte berufsspezifische Subkulturen geformt haben. Diese prägen keineswegs nur den Beruf, sondern definieren auch den gesellschaftlichen Umgang miteinander. Carl Djerassi nennt dies die Stammeskultur der Wissenschaft. Der Ausdruck klingt zwar etwas archaisch für ein Phänomen, das sich infolge moderner Arbeitsteilung entwickelt hat, aber im Kern ist er zutreffend. Jene Subkultur der Wissenschaft jedenfalls ist das eigentliche Thema hinter der Handlung des vorliegenden Romans.

In seinem ganz vorzüglichen Buch „Sein und Schein“ erklärt Roald Hoffmann die Entstehungsgeschichte des heute gültigen Publikationsstils wissenschaftlicher Veröffentlichungen. So nützlich und fruchtbar diese nüchtern passive Schreibweise im Hinblick auf das, was wir Objektivität der Wissenschaft nennen, auch sein mag, so sehr verhindert sie aber jeden Einblick in den komplexen und oft widersprüchlichen Entstehungsprozeß von Wissenschaft. Viele jenseits der wissenschaftlichen Erkenntnisse liegende, mindestens ebenso spannende und interessante Fragen bleiben dabei vollkommen unbeantwortet. Welche Motive treiben Wissenschaftler an? Wie objektiv ist Wissenschaft tatsächlich? Welche menschlichen Einflüsse prägen den Erkenntnisprozeß? Wie gehen Wissenschaftler mit Irrtümern und Fehlern um? Was geschieht wirklich in wissenschaftlichen Teams? Was wird davon veröffentlicht und was bleibt verborgen? Warum gibt es einen Doktorvater? Wie funktioniert wissenschaftliche Politikberatung? Welche Spannungen prägen das Verhältnis zwischen Wissenschaftlern und Journalisten? Antworten darauf gibt nur eine intime Kenntnis der wissenschaftlichen Subkultur.

Unsere Welt ist durch und durch von den Ergebnissen der Forschung geprägt. Neunzig Prozent aller Wissenschaftler, die jemals in der Geschichte der Menschheit geforscht haben, leben heute als unsere Zeitgenossen. Dieter Simon hat in seinem bemerkenswerten Vortrag „Lug und Trug in der Wissenschaft" darauf hingewiesen, daß längst nicht mehr alle Wissenschaftler ausschließlich hehren Idealen reinen Erkenntnisstrebens dienen, sondern vor allem eine ordentliche Karriere machen wollen, die ihre Frau oder ihren Mann redlich ernährt. Wer Akzeptanz von Wissenschaft will, der darf es nicht bei der Verkündigung wissenschaftlicher Ergebnisse belassen, sondern muß auch Einblick in den Prozeß ihrer Entstehung gewähren. Dies wird, so hoffe ich, vor allem auch für junge Menschen von Interesse sein, denn ich halte es für vernünftig, in die eigene Berufswahl auch ein möglichst fundiertes Wissen darüber einfließen zu lassen, welche Spielregeln einen erwarten.

Vieles wird erst im Extremen deutlich sichtbar. Eine solche, die Wesensart der wissenschaftlichen Subkultur wie durch eine Lupe vergrößernde Episode der jüngeren Wissenschaftsgeschichte bot der heiße Streit um die kalte Kernfusion, der in diesem Buch erzählt wird und noch immer nicht ganz erloschen ist. Als ich 1989 unversehens vom Zentrum dieses Wirbelsturmes erfaßt wurde, reifte bald die Einsicht, daß dies der Stoff ist, aus dem auch Romane gemacht sind.

Bezüglich der Erzählform habe ich mir erlaubt, einen literarischen Trick aufzugreifen, den auch Martin Walser in seinem Roman „Finks Krieg“ benutzt. Die geschilderte Handlung entspricht weitgehend, freilich nicht in allen Einzelheiten, den realen Begebenheiten um die kalte Kernfusion. Wenn die Namen aller Personen geändert wurden, die in der Wirklichkeit bestimmte hier berichtete Handlungen begangen haben, so ist dies nicht allein durch juristische Aspekte des Persönlichkeitsrechtes verursacht, sondern bot mir vor allem die Freiheit, deren Charaktere nach Belieben so zu ändern, wie es mir zur Beschreibung möglichst vieler Facetten der wissenschaftlichen Subkultur eben geraten schien. Gelegentlich wurden auch die Bezeichnungen von Universitäten oder wissenschaftlichen Gesellschaften leicht verfremdet, was die Insider sofort erkennen werden. Damit wollte ich lediglich dem möglichen falschen Eindruck vorbeugen, diese hätten in der Realität in allen Einzelheiten die hier beschriebene Rolle gespielt.

Mein tiefer Dank gebührt den Kollegen, dem Radiochemiker Günter Marx, aber auch Waldfried Plieth, Bernhard Zeitnitz und Michael Schütze sowie Klaus Starzynski, deren Scharfsinn, Begeisterungsfähigkeit und experimenteller Kunstfertigkeit es zu verdanken ist, daß wir damals so zügig vorangekommen sind. Dank gebührt auch dem Kollegen Ewald Heitz, der mich während vieler Gespräche über die Kalte Fusion immer wieder ermutigte, dieses Buch zu schreiben. Schließlich ist es von unschätzbarem Wert, ein entstehendes oder fast fertiges Manuskript anderen zum Lesen zu geben, um wertvolle Kommentare und hilfreiche Anregungen zu erhalten. Hierfür danke ich besonders Christina Hirche, Hans-Joachim Witte und den Kollegen Wilhelm Keim und Gerhard Ertl. Sie hätten es in der Hand gehabt, dieses Buch zu verhindern und haben es stattdessen durch ihren Zuspruch erheblich gefördert. Für sehr hilfreiche Änderungsvorschläge bin ich Carl Djerossi und Jürgen Breidenstein zu besonderem Dank verpflichtet.

Frau Dr. Wille, Frau Dr. Walter und Frau Petersen vom Verlag WILEY-VCH danke ich für Ihre sorgfältige Begleitung der Herstellung des Buches, vor allem aber für das ermunternde Wohlwollen und die anregende Unterstützung, die sie dem Manuskript von Anfang an entgegen gebracht haben. Frau Dr. Schleitzer danke ich herzlich für das überaus sachverständige und sehr einfühlsame Lektorat.

Mein besonders inniger Dank gilt schließlich meiner großzügigen Familie, ohne deren endlose Geduld das Vorhaben unmöglich gewesen wäre. Als ich manche Urlaubswoche und viele Wochenendstunden am Computer verbrachte, haben mir ihr lebhaftes Interesse und ihr nie versiegender Humor sehr geholfen, die knappe verbleibende Zeit mit ihnen so intensiv zu erleben, daß gelegentliche Anflüge von schlechtem Gewissen nicht die Oberhand gewannen.

Gerhard Kreysa
im Mai 1998

I

„Kinder, noch einmal die Danterceppies?“ fragte er, als sie die Talstation erreicht hatten.

„Aber sicher!“ Für Julius war das keine Frage. „Wie sollen wir sonst auf unsere Höhenmeter kommen?“

Als sich die gelbe Vierergondel langsam einpendelte, lehnte sich Stefan Trosa entspannt zurück, streckte die Beine mit den halb geöffneten Skischuhen von sich, so gut es eben ging, und genoß ein letztes Mal den Blick auf das Sellamassiv.

Einmal im Jahr fuhr er für eine Woche mit der Familie nach Wolkenstein zum Skilaufen. Schon wenige Minuten im Auto und die sonst viel zu seltenen Gespräche mit den beiden Kindern und Claudia genügten ihm, sein Institut fast völlig zu vergessen. So war es auch diesmal gewesen. Sie hatten eine Märzwoche lang fabelhaftes Wetter gehabt. Der Schnee war pulvrig wie selten, und die Kinder hatten das erste Mal auch ohne Skischule deutliche Fortschritte gemacht – was wohl weniger seiner Anleitung als ihrer eigenen Lernfähigkeit zuzuschreiben war.

Oben angekommen, ermahnte Stefan seine Sprößlinge: „Nicht den Einkehrschwung unten an der Hütte vergessen!“ Sabine fand diese Bemerkung völlig überflüssig: „Da das vereinbarungsgemäß nicht von unserem Taschengeld abgeht, erspart uns dein Hinweis die Peinlichkeit, dich daran erinnern zu müssen.“ Gar nicht übel, dachte Trosa belustigt, diese gymnasial-geschliffene Ausdrucksweise meiner Tochter...

„Drei heiße Schokoladen, eine davon bitte mit Rum“, bestellte Stefan, als sie die Hütte erreicht hatten. Konnte das Leben schöner sein? Er ertappte sich bei dem Gedanken, es eigentlich noch ein paar Tage aushalten zu können. Als sie den ersten Schluck tranken, betrachtete er versonnen die Kinder und mußte an etwas denken, das er kürzlich

Claudia hatte sagen hören: „Wann werden Kinder groß? – Wenn sie nicht mehr fragen, woher sie kommen, und nicht mehr sagen, wohin sie gehen.“ Wie die meisten Aphorismen, fand er, vereinfachte auch dieser die Realität zu stark. Er spielte auf zwei Zustände an, zwischen denen glücklicherweise ein paar Jahre lagen. Mit leiser Wehmut ahnte Stefan, daß sie eine unwiederbringliche Zeit viel zu schnell durchlebten.

Das abschließende gepflegte Familiendinner, wie Stefan es nannte, hatten sie, wie immer, schon am Donnerstag zelebriert: Der Freitagabend mit der Packerei erschien ihnen dafür zu ungemütlich. Trotz ihres – in Stefans Augen maßlos überzogenen – Diätkultes wollte Claudia keine Spielverderberin sein und hatte kräftig mitgehalten. Dafür hatte sie allerdings verlangt, am nächsten Tag auf die Pisten verzichten zu dürfen, um die Kalorien in der Loipe auf der Seiseralm wieder abtrainieren zu können.

Sabine hatte sich die Woche über redlich und erfolgreich bemüht, schöne Parallelschwünge zu fahren, wie sie es in der Skischule gelernt hatte. Julius mit seinen zwölf Jahren fuhr so wie Stefan noch mit fünfundzwanzig: Geschwindigkeit war ihm damals entschieden wichtiger als ein formvollendeter Stil. Leicht breitbeinige Schußfahrten und zum Bremsen ein harter Stemmbogen, das war die Technik, die ihm früher bei seinen Freunden den Spitznamen „Pisten-Rastelli“ eingebracht hatte. Wenn sich dies in den letzten zwanzig Jahren grundlegend geändert hatte, so war dafür weniger ein neu erwachtes Stilbewußtsein als der Wunsch nach Risikominimierung ausschlaggebend. Er konnte zwar in einer solchen Woche seine Arbeit weitgehend aus den Augen verlieren, aber der Gedanke an die Folgen eines Krankenhausaufenthaltes ließ sich nicht mehr vollständig verdrängen, seit er vor zehn Jahren eine Professur erhalten hatte und nun Institutsdirektor war. Umso mehr hatte es ihn amüsiert, sich in dieser Woche in seinem Sohn wiederzuentdecken.

Heerscharen von Wissenschaftlern grübelten immer noch darüber, was am Menschen Produkt seiner Umwelt oder Manifestation seiner Gene sei. Stefan hatte wenig Sinn für solche Spekulationen und fand dies recht leicht zu unterscheiden, seit er eigene Kinder hatte. Diese Psychologen oder Pädagogen hatten anscheinend keine! Und irgendwelche Erfahrungsebenen im Unterbewußten, die konstruiert wurden, um mit einer künstlichen Schlüssigkeit den Einfluß der Gene doch noch leugnen zu können, hielt er für absurdes Wissenschaftstheater. Was er an Julius beim Skifahren beobachtet hatte, war jedenfalls eindeutig molekulares Programm! Mit Messer und Gabel zu essen, das war nicht angeboren, das war reine Erziehung, die im übrigen auf das Konto von Claudia zu verbuchen war. So einfach war das.

Solchen Gedanken hing Stefan nach, als sie ihre Ferienwohnung wieder betreten hatten und er gerade dabei war, sich auszuziehen, um zu duschen. Nur beiläufig hatte er den Fernseher eingeschaltet. Er stand noch mit einem Bein in der Skihose, als ihm zu Beginn der Fünf-Uhr-Nachrichten ein Lauftitel „Neue Kernfusion entdeckt" ins Auge stach, und er der Familie energisch zurief: „Ruhe!"

Gottlob kam das Thema gleich zu Anfang. Was Stefan da hörte, war ganz und gar ungeheuerlich. „Soeben", hieß es, „hat an der Austin University in Texas der aus England stammende amerikanische Wissenschaftler Werner Rosenstock auf einer Pressekonferenz verkündet, es sei ihm gemeinsam mit seinem Kollegen Derek Cox gelungen, in einem einfachen Laborexperiment die Energie der Kernfusion schwerer Wasserstoffatome freizusetzen." Dazu erschien Werners Bild. Dann folgten ein Foto der einfachen Elektrolysezelle, die die beiden verwendet hatten, und ein paar Erklärungen, mit denen der Nachrichtensprecher versuchte, das Experiment möglichst allgemeinverständlich zu beschreiben. Eine Nachfrage bei dem bekannten deutschen Elektrochemiker Klaus Gerlach hätte ergeben, fuhr der Sprecher fort, daß dieser eine Kernfusion bezweifle und die beobachtete Wärmeentwicklung für einen rein chemischen Effekt halte.

„Hört mal", sagte Stefan zu seiner Familie, „wenn das *wirklich* wahr ist, dann ist dies eine der Sternstunden der Menschheit, denn damit wäre die Energieversorgung auf dieser Welt für Jahrtausende gesichert. Und da ich Werner Rosenstock gut kenne, denke ich, daß es stimmt, auch wenn Klaus Gerlach anderer Meinung ist. Mit beiden bin ich eng befreundet – und einer von ihnen hat sich gerade unsterblich blamiert. Gut, daß unser Urlaub zu Ende ist. Auch wenn morgen Samstag ist, werde ich ins Labor gehen, denn ich will unbedingt wissen, wer von beiden recht hat!"

Es war wie immer, wenn in der Wissenschaft etwas Bahnbrechendes geschieht. Ungläubiges Staunen oder gar Unverständnis waren bei Insidern fast völlig ausgeschlossen. Jedem der wenigen hundert Eingeweihten auf der Welt war schlagartig bewußt, was da erreicht worden war. Die Tatsache war so überzeugend, die Idee so einleuchtend und plötzlich ganz naheliegend, daß jeder von ihnen sich fast verzweifelt die Frage stellte, wieso ihm dies nicht selbst eingefallen war.

Diesmal gehörte Stefan zum engen Kreis der unmittelbar Betroffenen. Es war gar nicht nötig, daß er den Erklärungen des Nachrichtensprechers genau zuhörte. Die Schlüsselworte „Kernfusion", „Palladium" und „Elektrolyse" hatten ihm vollkommen genügt, um sich das Experiment fast im Detail vorstellen zu können. Notfalls wäre er auch ohne zusätzliche Informationen sofort in der Lage, den Versuch nachzuvollziehen. Ein paar Einzelheiten zu erfahren, wäre freilich hilfreich, aber sicher kein Problem. Allerdings, dies gestand er sich sofort ein, war es ein Experiment, das auf der Grenze seines eigenen Fachgebietes, der Elektrochemie, zur Radiochemie angesiedelt war, in der er sich weniger heimisch fühlte.

Könnte hier eine Gefahr liegen, die Werner Rosenstock möglicherweise unterschätzt hatte? Stefan beschloß, in diesem Punkte vorsichtig zu sein und morgen seinen Freund Hans Michel in Berlin anzurufen, um ihm vorzuschlagen, das Kontrollexperiment gemeinsam in Angriff zu nehmen. Michel war Radiochemiker und verfügte an seinem Institut über die zum sicheren Nachweis von Teilchen und radioaktiven Strahlen erforderliche Meßtechnik.

Außerdem ging es schließlich um Kernfusion – da mußten Neutronen freigesetzt werden! Die gelegentlichen Nachrichten über Neutronenbomben hatten auch der Öffentlichkeit klargemacht, daß diese Teilchen nicht ganz ungefährlich sind. Stefan war schließlich Familienvater und wollte nicht, wie damals Marie Curie, der Wissenschaft seine Gesundheit opfern. Schon deshalb war es wohl besser, die Experimente im Beton- und Barytbunker von Michels Berliner Institut aufzubauen.

Unter der Dusche dachte Stefan an seinen fast zwanzig Jahre älteren Kollegen Werner, dem er nun schon viele Jahre freundschaftlich verbunden war. Das war noch einer jener „großen alten Männer" der Wissenschaft! Zwei Jahre, dachte Stefan, ist er schon pensioniert und läßt trotzdem nicht locker. Oft, wenn er Werner traf, war Stefan innerlich davon überzeugt, daß dieser eines Tages doch noch eine Idee hätte, die ihm den Nobelpreis einbrächte.

Nun war es geschehen. Es war nur noch nötig, daß ein Unabhängiger die Experimente wiederholte. Diesen Gefallen wollte Stefan seinem älteren Freund gern erweisen. Sogleich gestand er sich aber ein, daß es nicht nur freundschaftliche Gefühle waren, die ihn dazu trieben.

Wasserstoff kann man durch die elektrolytische Zerlegung von Wasser gewinnen. In den letzten Jahren hatte Stefan nach neuen Materialien gesucht, die geeignet sind, die Wirtschaftlichkeit dieses Verfahrens zu verbessern. Wasserstoff ist ein nahezu idealer Energieträger für eine umweltfreundliche Energietechnik von morgen – nur ist seine Herstellung noch zu teuer. Bei seinen Untersuchungen war Stefan auf eine neue Klasse von Legierungen gestoßen, die glasartigen Metalle.

Einige dieser Materialien hatte er entwickelt und auch patentieren lassen, da sie zur Herstellung von Wasserstoff noch besser geeignet waren als das Edelmetall Platin, verglichen mit diesem aber spottbillig. Andere Testlegierungen, die Titan und Kupfer enthielten, hatten sich dagegen als unbrauchbar erwiesen.

Werner Rosenstock hatte in seinen Experimenten zur Kernfusion Elektroden aus Palladium verwendet, einem knappen und deshalb teuren Edelmetall. Warum gerade dieses Metall sich für die elektrochemische Kernfusion eignete, war Stefan sofort klar: Palladium kann in seinem Inneren atomaren Wasserstoff speichern – wie ein Schwamm. Genau das konnten seine Titan-Kupfer-Legierungen auch, und daher waren sie für die Herstellung von Wasserstoff so ungeeignet. Aber für diese neue Kernfusion mußten sie geradezu ideale Materialien sein!

Er würde Werners Experimente nacharbeiten und bestätigen, aber gleichzeitig auch seine Metalle testen. Wäre er erfolgreich, dann ginge der Nobelpreis an Werner, den er ihm gönnte. Er aber, Stefan Trosa, würde seine Metalle zum Patent anmelden und an der Nutzung dieser revolutionären Energiegewinnung so viel Geld verdienen, daß er sein ganzes Institut auf Jahrzehnte hinaus finanzieren könnte. Nie mehr würde er Forschungsanträge schreiben müssen. Nie mehr wäre er von der Gnade und dem Wohlwollen der Gutachter abhängig, wenn er eine Idee verfolgte, die ihm vernünftig schien!

Seine Idee mit den glasartigen Metallen war wirklich neu gewesen. Stefan war sicher, daß die Gutachter mit ihrem Urteil aus diesem Grunde so lange gezögert hatten, bis ihm um ein Haar eine japanische Gruppe zuvorgekommen wäre. Genau dieser Alltagsärger wäre nun aus und vorbei – welch ungeheure Erleichterung! Ja, auch er war ein Mann wie Werner Rosenstock, der in der Wissenschaft noch seine Träume hatte, die nun bald Wirklichkeit werden würden. Sollte er das Experiment nicht vielleicht doch lieber allein angehen?

Eigentlich hatte Werner Rosenstock immer die richtige Nase gehabt. Warum sollte er sich gerade diesmal geirrt haben? Nein, diesen Gedanken verdrängte Stefan sofort wieder.

Statt dessen dachte er an eine Geschichte aus seiner Doktorandenzeit, die ihn noch heute schmerzte, auch wenn die Jahre manche Wunde heilten. Damals hatte er die Idee gehabt, daß es möglich sein müßte, die Schicht von Molekülen direkt auf der Oberfläche einer Elektrode zu untersuchen – und zwar mit Hilfe der sogenannten Raman-Spektroskopie. Erwartungsvoll war er mit dieser Überlegung zu seinem Doktorvater gegangen. Dieser riet ihm, zunächst in einer Überschlagsrechnung abzuschätzen, welche Signalstärke dabei zu erwarten sei. Stefan erschien der Vorschlag sinnvoll, und er setzte sich einige Tage hin und rechnete. Das Ergebnis war niederschmetternd: Die Signale waren so schwach, daß auch mit den empfindlichsten Geräten nicht die geringste Chance bestand, sie wirklich messen zu können. Es war wie der Versuch, mit der Stoppuhr eines Sportlehrers den millionsten Bruchteil einer Sekunde genau zu messen. Stefan schrieb die Sache als aussichtslos ab.

Drei Jahre später kam Werner Rosenstock, den er damals zwar noch nicht persönlich, wohl aber aus der Fachliteratur kannte, auf die gleiche Idee. Doch Werner hatte offenbar nicht erst lange herumgerechnet, sondern gleich experimentiert und gemessen – und er fand die bewußten Signale! Erst danach nahm auch er Berechnungen vor und stellte fest, daß er offenbar einen neuen oberflächenverstärkten Raman-Effekt entdeckt hatte. So einer war Werner Rosenstock. Für den Nobelpreis hatte diese Entdeckung freilich nicht gereicht, aber fortan gehörte er unangefochten zu den Besten seiner Zunft. Kein Zweifel: Auch diesmal war ihm intuitiv ein Volltreffer gelungen.

Claudias Ruf „Kinder, das Essen ist fertig!“ riß Stefan aus diesen Gedanken.

„Gibt's Spaghetti bolognese?“ fragte Julius. Die hatte er zwar schon mittags auf der Hütte gegessen, aber Julius konnte sein Lieblingsgericht durchaus mehrmals täglich vertragen. Zufrieden nahm er Platz, als er seine Mutter aus der Küche „Selbstverständlich!“ rufen hörte.

Anfangs drehte sich das Tischgespräch um den letzten Skitag. Julius zählte alle Pisten auf, die sie gefahren waren und teilte das zuvor ausgerechnete offizielle Tagesergebnis mit: 7485 Höhenmeter! Kein neuer Rekord zwar, aber immerhin der zweitbeste Tag.

Sabine hatte den untrüglichen Eindruck, daß ihr Vater nicht ganz bei der Sache war. „Papa, bekomme ich nächstes Jahr neue Skier?“ lautete ihre Testfrage.

„Ja“, murmelte Stefan, ohne seine Gedanken auch nur eine Millisekunde zu unterbrechen.

„Papa, du bist wirklich nicht zurechnungsfähig!“ stellte Sabine fest. „Erst vor acht Wochen haben wir nagelneue Skier für mich gekauft. Die Sache im Fernsehen hat deinen Urlaub wohl total beendet? Nur gut, daß heute der letzte Tag war, mit dir wäre morgen ohnehin nichts mehr anzufangen gewesen. Wenn du im Moment nichts anderes im Kopf hast, dann erkläre uns wenigstens, worum es bei dieser offenbar so aufregenden Geschichte eigentlich geht!“

Diese Aufforderung verfehlte ihre Wirkung tatsächlich nicht. Stefan wandte sich wieder konzentriert seiner Familie zu: „Interessiert euch das wirklich?"

„Natürlich", rief das Trio wie aus einem Munde. Erwartungsvolle Augen richteten sich auf Stefan, als er begann:

„Wißt ihr, woher die Sonne ihre Energie nimmt, die das Leben auf unserer Erde überhaupt erst möglich macht?"

„Du wirst es sicher besser wissen als wir und uns deshalb gern erklären." Claudia machte keine Anstalten, diese rein rhetorische Frage zu beantworten.

„Was chemische Elemente sind und daß sie aus Atomen bestehen, das habt ihr in der Schule gelernt. Diese unsere Sicht der Materie geht auf Demokrit zurück, einen griechischen Philosophen, der um 400 vor Christus lebte. Demokrit fragte sich, wie es möglich ist, daß die Materie unserer Welt in ihren Erscheinungsformen so grundverschieden ist und gleichzeitig offenbar eine innere Ordnung existiert. Er sah, welch verschiedene Bauten man aus immer den gleichen Steinen errichten konnte. Das brachte ihn vielleicht auf die Idee, daß die Welt nach dem gleichen Prinzip konstruiert sein könnte: Wenn sie aus ganz kleinen, elementaren, immer wiederkehrenden Bausteinen bestand, dann waren Vielfalt und Ordnung gleichzeitig erklärbar. Diese kleinsten Bausteine nannte Demokrit die ‚Unteilbaren', die Atome.

Mehr als zwei Jahrtausende vergingen, bis sich 1808 der englische Chemiker Dalton an die Atome erinnerte und behauptete, daß alle chemischen Elemente aus unteilbaren Teilchen bestünden. Übrigens haben wir nur etwa zwei Jahrhunderte später festgestellt, daß diese Atome doch aus noch kleineren Teilchen, den Elementarteilchen, bestehen. Und seit einigen Jahrzehnten wissen die Physiker, daß auch diese noch teilbar sind."

„Dann hat sich dein Grieche wohl geirrt?" warf Julius ein.

„Nein, eigentlich nicht", entgegnete Stefan. „Wir haben den Namen *Atom* wohl nur zu früh für Teilchen vergeben, die sich dann doch als teilbar erwiesen.

Alle Atome bestehen aus einem Kern und einer Hülle. Der Kern enthält eine Sorte Elementarteilchen, Protonen, und in der Hülle, die den Kern umgibt, befinden sich Elektronen. Ist nur ein Proton beziehungsweise ein Elektron vorhanden, so haben wir das einfachste denkbare Atom – das Wasserstoffatom."

„Das heißt, alle Stoffe sind aus ganz dicht gepackten Atomen aufgebaut, oder?" fragte Julius dazwischen.

„Nehmen wir an, der Kern des Wasserstoffatoms sei so groß wie ein Stecknadelkopf. In Wirklichkeit ist er natürlich viel, viel kleiner. Dann ist das Elektron zwanzig Meter davon entfernt, und zwischen zwei Atomkernen liegen immerhin vierzig Meter! Und dazwischen ist buchstäblich nichts: Unsere Welt besteht überwiegend aus Nichts! Du siehst, deine ‚dichte Packung' ist relativ zu verstehen."

Stefan legte eine Pause ein – er wollte den staunend dreinblickenden Kindern die Chance geben, sich das wirklich vorzustellen. Julius hatte sich als erster wieder gefaßt und protestierte: „Das kann nicht sein, daß fast alles Nichts ist!"

„Warum?"

„Weil Nichts auch nichts wiegt! Aber ein großer Stein oder ein Stück Eisen sind doch schwer!" verkündete er mit dem Selbstbewußtsein eines Jungen, der längst über das Märchen vom Klapperstorch lacht.

„Damit hast du natürlich recht, Julius, die Atome sind schwer – obwohl sie fast nur aus Nichts bestehen! Das liegt daran, daß die winzig kleinen Atomkerne sehr schwer sind. Ein kleines Kästchen von einem Millimeter Kantenlänge, dicht vollgepackt mit Atomkernen des Eisens, wöge immerhin 8000 Tonnen!"

Stefan schaute in die verdutzten Gesichter der Kinder und war mit der Wirkung dieser Zahl zufrieden.

„Noch eine Kleinigkeit ist wichtig“, fuhr Stefan nach einer kurzen Pause fort. „Was hält den winzigen Kern und das noch kleinere Elektron in diesem Nichts eigentlich zusammen? Die Ursache ist ihre unterschiedliche elektrische Ladung – Protonen sind positiv, Elektronen negativ geladen. Dadurch wirken, ganz vereinfacht ausgedrückt, Anziehungskräfte, die das Elektron in der Nähe des Kerns festhalten.

Nun wißt ihr also, wie das Wasserstoffatom aufgebaut ist. Alle anderen Atome enthalten mehr Protonen und Elektronen, aber immer ist von beiden Teilchenarten die gleiche Anzahl vorhanden. Außer den Protonen finden sich im Kern aber noch andere, ungeladene Teilchen, die Neutronen. Von ihnen gibt es in den meisten Kernen etwa genauso viele wie Protonen. Zu welchem chemischen Element ein Atom gehört, hängt allein von der Anzahl seiner Protonen ab. Kommt dann eine unterschiedliche Anzahl von Neutronen hinzu, so entstehen verschiedene Atomsorten ein und desselben Elements.

Vom Wasserstoff gibt es genau drei solche Atomsorten. Die erste, die nur ein Proton im Kern enthält, habe ich euch eben erklärt. Eine weitere Sorte hat im Kern noch ein zusätzliches Neutron. Dadurch wird das Atom schwerer, und wir nennen das Element schweren Wasserstoff oder Deuterium. Die dritte Sorte, Tritium, besitzt zwei Neutronen.

Und das führt uns zurück zu Demokrit: Wenn die Atomsorten des Wasserstoffs alle Elementarteilchen – Protonen, Neutronen, Elektronen – enthalten, aus denen auch die größeren Atome bestehen, dann müßte man alle anderen Elemente aus Wasserstoffatomen zusammensetzen können! Tatsächlich, es ist so. Nur ist es nicht ganz einfach. Die positiv geladenen Kerne stoßen einander heftig ab. Die Kräfte, die man braucht, um Atome miteinander zu verschmelzen, sind daher sehr, sehr groß – so groß, daß die Verschmelzung von Atomen in unseren Labors bis heute nicht so richtig gelungen ist. Das heißt, bis vor ein paar Tagen – denn genau das hat Rosenstock jetzt geschafft.“

„Nun wissen wir wenigstens, warum du so aufgeregt bist“, sagte Sabine. „Und wie ist ihm das gelungen?“

„Nur Geduld. Zunächst müßt ihr verstehen, warum das Ganze so enorm wichtig ist. Bei der Verschmelzung von Atomen entstehen neue, größere Atome, die aber in der Regel ein ganz klein wenig leichter sind als die Summe der Massen ihrer Bausteine. Albert Einstein, der berühmte Physiker, hat ausgerechnet, daß bei solchen Verschmelzungsvorgängen ein Teil der Masse in Energie – meist in Wärme – umgewandelt wird. Darum ist unsere Sonne so heiß! In ihrem Inneren findet nämlich bei rund 10 Millionen Grad und riesigem Druck die Verschmelzung von Wasserstoffatomen statt. Nur bei dieser irrsinnigen Hitze und dem riesigen Druck werden die Abstoßungskräfte zwischen den Kernen überwunden. Dabei entsteht eine gewaltige Wärmemenge, die die Sonne zum Glühen bringt.“

„Dann sind die Vorräte an Wasserstoff in der Sonne wohl riesig?“ wollte Claudia wissen.

„Ja. Noch besteht die Sonne zu rund 80 % aus Wasserstoff. Knapp 20 % des ursprünglich vorhandenen Wasserstoffs sind nämlich schon verbraucht. Die Sonne ist einige Milliarden Jahre alt. Es wird also viele weitere Milliarden Jahre dauern, bis der gesamte Wasserstoff zu schwereren Elementen verschmolzen ist. Dann wird der Ofen aber buchstäblich aus sein!“

„Na, das klingt ja beruhigend“, stellte Claudia fest. „Bis dahin wird die Menschheit wohl eher an ihrer eigenen Dummheit zugrunde gegangen sein.“

„Möglicherweise... Das beste für unsere Energieversorgung wäre natürlich, wenn wir diese Verschmelzung des Wasserstoffs, die Kernfusion, in Kraftwerken nutzen könnten. Im Wasser der Weltmeere haben wir einen praktisch unbegrenzten Vorrat an Wasserstoff, auch an dem nötigen Deuterium.

Überall auf der Welt versuchen deshalb Physiker, die Kernfusion mit teuren Maschinen zu verwirklichen, in denen Wasserstoffatome so stark beschleunigt werden, daß sie beim Aufeinandertreffen die Abstoßungskräfte überwinden können. Als ich Kind war, haben sie gesagt, daß sie dazu noch dreißig Jahre brauchen werden. Heute sagen sie das immer noch, obwohl ich nicht leugnen will, daß sie ein paar wichtige Fortschritte gemacht haben."

„Aber deinem Freund ist es jetzt gelungen?"

„Er hat eine völlig neue Art der Kernfusion gefunden. Eigentlich ist die Sache gar nicht so schwierig – es ist wie mit jeder guten Idee, man muß nur darauf kommen! Wenn man zwei Nickeldrähte in ein Glas Wasser steckt und mit den Polen einer Gleichstromquelle verbindet, dann sieht man an beiden Drähten viele kleine Gasblasen, die nach oben aufsteigen. Wir nennen diesen Vorgang Elektrolyse, weil dabei mit Hilfe des elektrischen Stromes das Wasser in seine beiden Bestandteile Wasserstoff und Sauerstoff zerlegt wird. Das weiß man seit mehr als hundert Jahren: Am Minuspol entsteht Wasserstoff, am Pluspol Sauerstoff.

Ersetzt man den Nickeldraht des Minuspols durch ein Stück Palladiumblech, dann geschieht etwas Merkwürdiges. Am Pluspol wird wieder Sauerstoff gebildet, und die Blasen steigen am Draht auf. Am Palladiumblech aber ist eine ganze Weile lang gar nichts zu sehen. Eigentlich entsteht auch bei diesem Experiment von Anfang an Wasserstoff, aber Palladium ist ein eigenartiges Metall: Es kann das Gas aufsaugen wie ein Schwamm. Erst wenn das Palladium ganz mit Wasserstoff gefüllt ist, steigen auch Wasserstoffblasen auf.

Auch das weiß jeder Chemiker schon lange. Werner Rosenstock hat dieses Experiment nicht mit normalem, sondern mit schwerem Wasser gemacht – das ist Wasser, das ausschließlich schweren Wasserstoff enthält. Wenn eine Kernfusion überhaupt gelingen soll, dann sicher eher mit schwerem als mit normalem Wasser, weil die zusätzlichen Neutronen dafür sorgen, daß die beiden sich abstoßenden Kerne nicht ganz so nah aneinandergepreßt werden müssen, um zu verschmelzen.

Rosenstock hat also Palladium sich zum ersten Mal mit schwerem Wasserstoff vollsaugen lassen. Dabei entsteht im Inneren des Metalls ein sehr hoher Druck, der das Material zerreißen läßt: Sogar mit bloßem Auge kann man nach einiger Zeit viele kleine Brüche erkennen. Dieser gewaltige Wasserstoffdruck reicht offensichtlich aus, um die Kernfusion von schwerem Wasserstoff zu ermöglichen. Dabei entsteht Wärme, wie in der Sonne. Genau diese Wärmeentwicklung hat Werner Rosenstock bei seinen Experimenten beobachtet."

„Ein Stückchen Sonne in einem Wasserglas!" Julius war begeistert. „Kannst du das nicht in deinem Labor ausprobieren?"

„Ja, unbedingt!" antwortete Stefan. Seine Idee mit den glasartigen Metallen erwähnte er im Moment aber lieber nicht, denn wie würde er vor seinen Kindern dastehen, wenn die Sache nicht klappte?

Alle ließen die Sensation etwas auf sich wirken. Dann meinte Claudia nachdenklich: „Hör mal, du hast uns da eben etwas offensichtlich Kompliziertes so einfach erklärt, daß ich den Eindruck hatte, daß es sogar die Kinder verstanden haben. Warum, Stefan, reden die Wissenschaftler auf deinen Tagungen dann so kompliziert, daß ich fast nichts verstehe? Ich denke, das ist für viele Menschen ein Problem. Mir scheint, ihr Forscher jammert gern darüber, daß euch die Menschen mit Mißtrauen begegnen. Wie soll man euch aber trauen, wenn man euch nicht versteht?"

„Vielleicht hast du recht. Wir sollten uns wohl mehr darum bemühen, den Menschen zu erklären, was wir treiben. Schließlich sind es überwiegend ihre Steuergelder, die wir für die Wissenschaft ausgeben. Es ist schon wahr, wir überlassen dieses Geschäft nur allzu gern Journalisten und Autoren populärwissenschaftlicher Bücher. Und wenn dann beim Publikum etwas falsch ankommt, regen wir uns zwar auf, aber es war ja nicht unsere Schuld. Im Gegensatz zu deiner Vermutung bin ich übrigens der Meinung, daß die meisten meiner Kollegen die Dinge ebenso einfach erklären könnten wie ich. Nebenbei bemerkt – wenn ich auf einer Tagung einen Vortrag halte, hört sich das auch beileibe nicht so einfach an wie eben." Damit wollte es Stefan bewenden lassen. Das Thema hatte ihm zu viel mit Ehrgeiz zu tun, über den er nur ungern sprach.

„Warum eigentlich nicht?“ Claudia ließ nicht locker.

„Das hat wohl mehrere Gründe. Will man die Dinge sehr verständlich erklären, dann muß man sie stark vereinfachen. Aber Einfachheit und Exaktheit schließen einander häufig aus!

Der zweite Grund ist ein ganz einsichtiger. Die vereinfachte Sicht der Welt kennt jeder meiner Kollegen. Uns gegenseitig zu erklären, was wir ohnehin schon wissen, wäre wenig sinnvoll und würde uns am Ende noch den Vorwurf der Reisekostenverschwendung einbringen.“ Stefan hoffte, das Problem damit ausreichend behandelt zu haben.

„Stefan, du machst es dir zu einfach. Niemand sagt, daß ihr eure Tagungen in Werbeveranstaltungen für die Wissenschaft verwandeln sollt. Es geht um eure Glaubwürdigkeit! Vom Elfenbeinturm aus, fachsimpelnd, könnt ihr sie nicht zurückgewinnen.“

„Zurückgewinnen? Jetzt übertreibst du wohl etwas. Das hieße ja, daß uns jedermann für Lügner hält“, erwiderte Stefan ein wenig gereizt.

„Vielleicht nicht gleich für Lügner...“, gab Claudia zu, „aber wem ich auch erzähle, daß du Chemiker bist, oft ernte ich die gleiche Reaktion: ‚Ach, so einer ist das.‘“

Stefan mußte sich geschlagen geben: „Gut, ich gebe zu, meine beiden Argumente treffen noch nicht den Kern der Sache.

Der dritte, wohl wichtigste Grund für unser Spezialistengehabe ist ein anderer. Wissenschaftler unterliegen eigenen Verhaltensregeln. Nur wer diese strikt einhält, kann es wirklich zu etwas bringen. Wenn jemand seine Wissenschaft im Fernsehen publikumswirksam erläutert, dann nützt ihm dies für sein wissenschaftliches Prestige – und allein das erscheint erstrebenswert – herzlich wenig. Die Fachkollegen werden ihn bestenfalls für einen begabten Showmaster halten.“

„Du sagst das so abwertend“, hakte Claudia nach, „ist es denn wirklich so ehrenrührig, dem Normalbürger etwas zu erklären?“

„Nein, nicht direkt. Man wird es ihm auch nicht unbedingt verübeln, denn irgend jemand muß sich ja schließlich für eine solche an sich verdienstvolle Aufgabe hergeben. Insgeheim wird man aber dennoch fragen, ob es dem Manne nicht vielleicht an der nötigen wissenschaftlichen Kreativität mangelt, wenn er so viel Zeit erübrigen kann. In der Wissenschaft strebt man nicht wie in der Kunst oder Politik nach breiter Anerkennung. Hier zählt ausschließlich, was die vielleicht zehn Besten und Berühmtesten des jeweiligen Fachgebietes von der Qualität deiner wissenschaftlichen Arbeit halten. Ihre Anerkennung zu gewinnen, dies ist das einzige wirkliche Ziel, dem sich jeder ehrgeizige Wissenschaftler unterordnet. Eine allgemeinverständliche Ausdrucksweise ist dabei ganz gewiß nicht besonders hilfreich. Man muß mit seiner Sprache und Redeweise die anderen schon davon überzeugen, daß man der *höheren Weihen* tatsächlich würdig ist.

Zwar macht man sich leicht unbeliebt, wenn man dies so offen ausspricht, aber es ist wohl so. Wahrscheinlich rührt es daher, daß unser heutiges Wissenschaftssystem letztlich aus der klösterlichen Scholastik hervorgegangen und deshalb immer noch dem Gedanken der Autorität verbunden ist. Ich sage damit keineswegs, daß es klüger wäre, auf dieses Autoritätsprinzip zu verzichten. Wir haben es übrigens schon seit Galilei sehr wirkungsvoll durch die Kontrolle des Experimentes ergänzt." Stefan fand, daß er mit dieser Offenbarung fast ein bißchen zu weit gegangen war.

Nachdrücklich betonte er deshalb zum Schluß: „Und weil dies so ist, stellt heute auch ein Werner Rosenstock keine unumstrittene Autorität mehr dar, sondern das letzte Wort spricht das Kontrollexperiment, das ich am Montag beginnen werde."

II

Hinsichtlich der Geschwindigkeit, mit der er einen Urlaub wieder völlig vergessen konnte, hatte Stefan Trosa diesmal ohne Zweifel einen neuen Rekord aufgestellt. Normalerweise hätte er wenigstens einen halben Tag damit verbracht, die eingegangenen Zeitungen und Zeitschriften zu lesen. Die Post hatte er nur flüchtig auf Dinge durchgesehen, die er selbst erledigen mußte, und erleichtert festgestellt, daß nichts wirklich Dringendes dabei war. Den Rest überließ er Claudia. Sie führte ohnehin schon seit Jahren nahezu die gesamte Familienkorrespondenz. Vielleicht wären sie sonst mit den Kindern am Sonntagnachmittag noch einmal ins Kino gegangen, doch dazu fehlte ihm jetzt die Muße.

Claudia und die Kinder hatten den Ausnahmezustand akzeptiert, so daß .er sich diesmal relativ frei von Gewissensbissen fühlte. Er liebte seine Arbeit und seine Familie – also mußte er beides unter einen Hut bringen. „Klare Spielregeln beugen Konflikten vor", pflegte er zu sagen, wenn er zu einer Stellungnahme über die Vereinbarkeit von Beruf und Familie genötigt wurde. Zu solchen Aussagen mußte er wirklich gedrängt werden, denn über dieses Thema sprach er, der ansonsten Redefreudige, nicht gern. Insgeheim fürchtete er um die Stabilität des Arrangements mit Claudia, und er wollte es nicht ohne Not Diskussionen opfern, die den Status quo hätten in Frage stellen können. Nahm jemand gar das Wort Workaholic in den Mund, dann riskierte er die offene Feindschaft mit Stefan Trosa, der in solchen Fällen nur mühsam beherrscht erklärte, daß nahezu alle gängigen Definitionen des Workaholismus verunglimpfend und nichts anderes als Rechtfertigungen von Faulheit und Leistungsverweigerung ihrer Erfinder seien. Da solcherart Dogmen auch bei nahezu Gleichgesinnten auf Widerspruch stießen, fügte er in der Regel etwas versöhnlicher hinzu, daß auch er bereit sei, von Workaholismus zu sprechen, wenn jemand seiner Hingabe zur Arbeit bedenkenlos alle zwischenmenschlichen Beziehungen einschließlich derer zur eigenen Familie opfere. Daß die Betonung dabei auf *bedenkenlos* lag, was durchaus eine gewisse Opferbereitschaft implizierte, fiel nur den allerwenigsten auf.

Diesmal verbrachte er das Wochenende jedenfalls gänzlich im Arbeitszimmer seines Hauses. Der Versuchung, schon am Samstag ins Institut zu gehen, widerstand er relativ leicht. Die Wahrscheinlichkeit, dort einen seiner Doktoranden anzutreffen, war keineswegs null – doch bevor er bereit war, in dieser Sache Rede und Antwort zu stehen, mußte er selbst noch einiges nachlesen, in Ruhe überdenken und sich vor allem eine überzeugende Strategie für die Experimente überlegen. Beim Gedanken an seine Doktoranden und daran, daß einige vielleicht auch jetzt am Wochenende in den Labors arbeiteten, wurde ihm direkt ein wenig warm ums Herz. Sicher, an den hoffnungslos überfüllten Universitäten tummelte sich mancher, dessen Studierfähigkeit auch Stefan gelegentlich bezweifelte. Dennoch konnte und wollte er nicht in das laute Wehklagen mancher seiner Kollegen über die dramatisch gesunkene Qualität der Studenten einstimmen. Im Gegenteil, er war überzeugt, daß Studierwille und Leistungsbereitschaft, gerade auch im Vergleich zu seiner eigenen Studienzeit, wieder deutlich gestiegen waren. Stefan gefiel sich darin, dem meist unsachlichen Lamentieren der Kollegen gelegentlich provokant zu widersprechen – auch, weil er es im Stillen genoß, daß sich gerade die besten Studenten zuerst bei ihm um eine Doktorandenstelle bewarben. Konkurrenz empfand er nicht als lästig, sondern eher als eine stimulierende Droge.

Alles, was er in dieser Fusionsangelegenheit ohne Informationsaustausch mit dem Rest der Welt erledigen konnte, wollte er an diesen beiden Tagen hinter sich bringen. Am Montag wären alle wieder in ihren Büros und Labors und die Zeit dafür viel zu schade.

Zuerst holte er aus seiner Bibliothek alle Bücher über Kernphysik und Radiochemie, die er finden konnte, und stapelte sie auf dem Schreibtisch. Es waren nicht wenige. Schließlich waren beides nicht seine Spezialgebiete, so daß er alles nachlesen wollte, was irgendwie mit dieser merkwürdigen neuen Fusion zusammenhängen konnte.

Eine seiner Eigenheiten, die seine Frau allerdings für eine kostspielige Marotte hielt, kam ihm dabei sehr zugute. Schon als Student hatte er eine ausgesprochene Abneigung gegen das Ausleihen von Büchern entwickelt. Nur in extremen Notfällen ging er in eine öffentliche Bibliothek. Wenn es irgend möglich und finanzierbar war, zog er es vor, sich die benötigten Bücher selbst zu kaufen. Es gab ihm einfach ein beruhigendes Gefühl, auf alles Wichtige, das er irgendwann einmal gelernt hatte, jederzeit zurückgreifen zu können. Diese Bibliophilie hatte sich später auch auf Belletristik ausgedehnt. Es waren zwar nur ganz wenige Romane, die er mehrfach gelesen hatte, aber jedes gelesene Buch wollte er möglichst besitzen. Über diese seine Eigenart empfand er nun eine tiefe Befriedigung, als der Bücherstapel auf seinem Schreibtisch eine ansehnliche Höhe erreichte.

Er las alles über Kernfusion, berechnete den Wasserstoffdruck im Inneren des Palladiums und schätzte über die theoretische mittlere freie Weglänge die Stoßwahrscheinlichkeiten der Wasserstoffkerne ab. Je mehr er nachdachte und rechnete, um so optimistischer wurde er. Im Gegensatz zu seiner früheren Idee mit der Raman-Spektroskopie ging diesmal von den ersten Berechnungen keine abschreckende Wirkung aus. Die Ergebnisse ließen sich mit dem, was er in den Physikbüchern las, durchaus zu einem vernünftigen Bild zusammensetzen. Wesentliche Erkenntnisse und wichtige Informationen übertrug er gleich auf Overheadfolien, denn am Montagmorgen wollte er seinen Mitarbeitern im Institut sofort ein umfassendes Bild vermitteln und sie in die bevorstehenden Experimente einweihen.

In seiner Begeisterung rechnete er sogar aus, daß die Vorräte an schwerem Wasser ausreichen würden, um die Menschheit für 15.000 Jahre mit Energie zu versorgen.

Eines jedoch kam ihm immer merkwürdiger vor. Wenn die Fusionsereignisse im Inneren des Palladiums so zahlreich waren und derart viel Wärme entwickelten, daß man diese so einfach messen konnte, wie es Werner Rosenstock offenbar gelungen war, dann mußte dabei eigentlich auch ein recht beachtlicher Neutronenregen freigesetzt werden. Außerdem müßte das ebenfalls radioaktive Tritium gebildet werden. Die Experimente waren also mit Vorsicht zu genießen – und Stefans Entschluß, die Versuche bei Hans Michel im Berliner Bunker in Angriff zu nehmen, festigte sich endgültig.

Aber wieso war die Radioaktivität im Fernsehen mit keiner Silbe erwähnt worden? Journalisten hatten doch sonst immer einen hochempfindlichen Riecher für jede auch nur eingebildete Gefahrenquelle. Im Moment waren sie in dieser Sache freilich allein auf das angewiesen, was Rosenstock ihnen in der Pressekonferenz gesagt hatte. Werner, dieser alte Fuchs, hatte offenbar nur etwas von der Wärmeentwicklung erzählt und keine Silbe von den Strahlen. Er wollte seine schöne neue Energiequelle wohl keinesfalls gleich von Anfang an all den fundamentalistischen Bedenkenträgern und technikfeindlichen Aposteln einer Religion des Untergangs zum genüßlichen Fraß vorwerfen.

Lange würde er damit sicher nicht durchkommen. Für den Anfang aber war es ein nützlicher Trick. Insider wie er, Stefan, wußten ja ohnehin, daß auch für diese Energieform der Preis der Radioaktivität zu zahlen sein würde. Es mußte wirklich nicht jeder gleich alles wissen.

Bei diesem Gedanken erschrak Stefan und fühlte sich ertappt. Was hatte Claudia beim letzten Abendessen in Wolkenstein über die Glaubwürdigkeit der Wissenschaftler gesagt? Ach, das war ein anderes Feld, das hatte später noch Zeit, jetzt gab es Wichtigeres zu tun.

Die Neutronen ließen ihm aber keine Ruhe mehr. Er rief die Auskunft an und ließ sich die Privatnummer von Hans Michel geben. Träger dieses Namens gab es über ein Dutzend in Berlin; aber nur einer war Professor, wodurch ein langes Rätselraten entfiel. So ein Titel ist eben auch im Alltagsleben ganz nützlich, dachte Stefan.

Trosa hatte kaum seinen Namen genannt, da fing Hans am anderen Ende an zu reden wie ein Wasserfall: „Mann, Stefan, alter Knabe, das muß ja gleichsam Telepathie gewesen sein...“ – Er ist noch immer unverkennbar der Alte, dachte Stefan; sogar sein Lieblingswort *gleichsam* benutzt er wie in alten Studentenzeiten gleich im ersten Satz. – „...Schon seit Stunden will ich dich anrufen. Am Freitag kam im Fernsehen eine Story über zwei Elektrochemiker aus Texas. Die sollen eine neue Kernfusion entdeckt haben. Kennst du die Geschichte? Du bist der einzige Elektrochemiker, den ich so gut kenne, daß ich ihn gleichsam als Freund bezeichnen und deshalb auch ungeniert bitten kann, mir als naivem Radiochemiker mal zu erklären, wieso man ausgerechnet mit deiner Elektrochemie eine Kernfusion bewerkstelligen kann. Ich dachte immer, dafür seien eher die Physiker oder vielleicht meine Zunft zuständig?..."

Das waren fast hundert Worte in weniger als fünfzehn Sekunden. Völlig klar, daß Hans niemals eine Professur außerhalb Berlins annehmen konnte. In keiner anderen Gegend würde man seinem Redeschwall auch nur annäherungsweise folgen können. Um sich Gehör zu verschaffen, mußte Stefan seinem Freund ins Wort fallen. Allerdings konnte er sicher sein, daß Hans dies nie als unhöflich empfand.

„Hans, hör auf, ich kenne die Geschichte. Deshalb habe ich dich ja angerufen. Ich will dir jetzt keine Theorien darlegen; auch ich kenne im Moment noch keinerlei Einzelheiten, die über die Nachricht im Fernsehen hinausgingen. Allerdings habe ich gründlich nachgedacht und bin ziemlich sicher, daß ich weiß, wie die Sache funktioniert." Dieser knappe Hinweis mußte sein, denn schließlich war Stefan der Mann vom gefragten Fach der Elektrochemie. „Das ist aber jetzt nicht der Punkt. Ich möchte dir vielmehr den Vorschlag machen, das Experiment gemeinsam mit mir nachzuarbeiten. Wir brauchen deine Detektoren für Neutronen, deine Meßinstrumente für das Tritium und nicht zuletzt deinen Betonbunker wegen der Strahlung. Ich möchte, daß wir in Deutschland die ersten sind, die dieses Jahrhundertexperiment wiederholen. Von der Fachkombination her kann es kein besseres Gespann geben als uns beide. Was hältst du davon?"

„Was soll die förmliche Frage?" tönte es aus der Muschel. „Freilich bin ich dabei. Hast wohl Angst – oder warum bist du auf meinen Bunker aus? Keine Bange, der hält eine Menge ab. Trotzdem solltest du dir mal Gedanken darüber machen, wie wir deine Elektrolyse im Ernstfall wieder zum Stillstand bringen, natürlich ferngesteuert! Wenn der Bunker so langsam an seine Grenzbelastung kommt, möchte ich da jedenfalls nicht mehr reingehen. Ich lasse einstweilen schon mal alle Sicherheitseinrichtungen durchchecken, weil wir das Ding wirklich nicht alle Tage benutzen. Das ist eben wahre Freundschaft! Wir halten den Bunker extra für solche Spezialisten wie dich bereit."

Stefan war gerührt. Es folgte dann doch noch eine längere Fachsimpelei, und man verabredete sich für Mittwoch in Michels Berliner Institut. Stefan würde die Elektrolyseeinrichtung und einen seiner Doktoranden mitbringen. Das Palladium war kein Problem; er benutzte es öfters als Referenzmaterial für seine neuen Elektroden und hatte noch einiges davon im Labor. Schon das würde ihnen einen zeitlichen Vorsprung sichern: Die meisten anderen, die sich nun weltweit auf das Experiment stürzen würden, müßten sich das Metall erst beschaffen.

„Hans, hast du schweres Wasser?“ wollte Stefan noch wissen.

„Na sicher, sogar verschiedene Jahrgänge, das älteste ist 47er“, verkündete sein Freund nicht ohne Stolz. „Es stammt aus der Zeit, als man noch auf die mit schwerem Wasser moderierten Kernkraftwerke setzte. Mein Vorgänger hat immer ein bißchen abgezweigt und sich eine kleine Jahrgangssammlung angelegt. Keine schlechte Idee von ihm, wie du sicher zugeben wirst.“

„Ja, aber wieso legst du solchen Wert auf den Jahrgang? Ich will das Zeug doch nicht wie Wein mit dir trinken“, wunderte sich Stefan.

„Bin sehr erfreut, daß selbst du noch etwas von mir kleinem Licht lernen kannst. Der Witz ist das Tritium. Du willst doch entstehendes Tritium nachweisen. Wir wissen aber im Moment noch nicht, wieviel davon entstehen wird. Da könnte der Tritiumuntergrund des schweren Wassers eine Rolle spielen. Ich würde gern zum Vergleich zwei Reihen mit altem und jungem Wasser ansetzen. Schweres Wasser enthält immer auch Tritium, aber je älter es ist, umso weniger ist davon noch vorhanden, denn Tritium hat eine Halbwertszeit von 12,3 Jahren.“

„Besten Dank, ich sehe, es ist tatsächlich eine gute Idee, das Experiment mit dir zu machen. Hoffentlich hat Rosenstock an solche Feinheiten gedacht! Ich habe da gewisse Zweifel. Sein Mitarbeiter Derek Cox ist ein nicht unbegabter Nachwuchsmann; aber von Radiochemie hat er gewiß auch keine Ahnung. Übrigens ist er ein früherer Doktorand von Rosenstock, der seit ein paar Jahren eine Professur an der Austin University hat. Offenbar hat Cox ihm ein Gastrecht in seinem Labor eingeräumt, weil ihn die Spar-Maggy in England rücksichtslos in den vorgezogenen Ruhestand geschickt hat. Na, wenn Rosenstock jetzt den Nobelpreis bekommt, dann freue ich mich auf den geschliffenen Sarkasmus der Kommentare in der britischen Presse!" Wie alle Wissenschaftler auf der Welt empfand es Stefan als ungebührlich, wenn eine Regierung ausgerechnet bei der Wissenschaft Geld sparen wollte.

„Hör mal, Hans, noch etwas. Ich habe für verschiedene Wärmeleistungen die maximal zu erwartenden Neutronenströme ausgerechnet. Wieviel hält dein Bunker eigentlich aus?"

„Das hättest du dir ruhig schenken können, mein Lieber! Während du mir an der Strippe Personalklatsch erzählt hast, konnte ich ja wohl nebenbei ein bißchen Kopfrechnen üben. Soll geistig rege halten. Also, der Bunker hält ohne weiteres das Neutronenäquivalent einer thermischen Fusionsleistung von hundert Kilowatt aus. Bau deine Zellen so, daß du sie bei zehn Kilowatt außer Betrieb setzen kannst, dann sind wir auf der sicheren Seite. Zehn Kilowatt aus ein paar Quadratzentimetern dünnem Palladiumblech, die will ich erst einmal sehen, mein Lieber!"

Einstweilen schien alles geklärt. Man wünschte sich noch einmal viel Glück für das gemeinsame Vorhaben und verabschiedete sich.

III

Pünktlich um acht Uhr traf Trosa am Montag in seinem Institut ein. Frau Lohrbach, seine Sekretärin, begrüßte ihn gleich: „Guten Morgen, Herr Professor! Ich hoffe, Sie hatten schönes Wetter und viel Schnee. Braungebrannt sind Sie ja, und ein Gipsbein blieb Ihnen augenscheinlich erspart!“

„Guten Morgen, Frau Lohrbach. Danke der Nachfrage. Sehen Sie, den Skiurlaub habe ich fast schon wieder vergessen. Wir haben heute eine Menge zu tun, in den nächsten Tagen auch. Zuerst möchte ich bitte Herrn Maas sprechen. Zuvor muß ich Ihnen schnell ein paar dringende Faxe diktieren, und für zehn Uhr bitten Sie alle wissenschaftlichen Mitarbeiter in den Seminarraum. Professor Rosenstock, der Ihnen ja aus der Korrespondenz bekannt ist, hat eine sensationelle Entdeckung gemacht, die wir sofort überprüfen müssen.“

Trosa holte kurz Luft und vergewisserte sich mit einem raschen Blick in Carla Lohrbachs Gesicht der Wirkung des Trommelfeuers seiner Anweisungen. Er wußte, wie sehr sie seine Betriebsamkeit schätzte, und ihm war klar, daß dies eine notwendige Voraussetzung ihrer ungetrübten Zusammenarbeit war – die er zwar selten aussprach, dafür aber umso dankbarer annahm. Frau Lohrbach atmete förmlich auf, daß die wenig aufregende Zeit seiner Abwesenheit nun vorbei war.

Stefan Trosa kannte eine Menge Sprüche, und bei den meisten hatte er sogar behalten, von wem sie stammten. In seinem Beruf gehörte es zur Routine, sich nicht nur Tatsachen, sondern auch die Quellen zu merken. In einer Diskussion, womöglich noch in Gegenwart des Urhebers, einen Gedanken zu äußern, ohne den Namen des geistigen Vaters zu nennen, wäre fast einem Betrug gleichgekommen. Der Satz, der ihm beim Anblick des Postberges auf seinem Schreibtisch in den Sinn kam, stammte von einem namhaften Publizisten: „Ein alleingelassener Schreibtisch versteht sich auf Rache.“

Wie ein hinter einer Talbiegung unvermittelt aufragender Viertausender ließ einen auch ein solcher Postberg an der eigenen Kühnheit zweifeln. Doch was hatte Frau Lohrbach eben über Gipsbeine gesagt? In einem solchen Fall hätte die Korrespondenz auch warten müssen.

„Die übrige Post kann ruhen, bis sie es in puncto Wichtigkeit mit einem Nobelpreis aufnehmen kann", ließ Trosa Frau Lohrbach in verschwörerischem Tonfall wissen.

Wie die meisten einschlägig heimgesuchten Menschen hatte Stefan Trosa zur Bürokratie ein ambivalentes Verhältnis. Er haßte den Papierkrieg aus tiefster Seele, wußte aber andererseits, daß ein leerer Schreibtisch fast einer Verurteilung zur Bedeutungslosigkeit gleichkäme. Heute hatte der Haß gesiegt.

Richtig wütend konnte er werden, wenn er an die Vorstellungen macher Leute vom Alltag eines Wissenschaftlers dachte. Sie bildeten sich tatsächlich ein, er pendele den ganzen Tag rastlos zwischen Bibliothek und Labortisch hin und her, an jedem Wendepunkt dieser harmonischen Schwingung von einem neuen Geistesblitz zur Umkehr getrieben!

Hatten die eine Ahnung! Über die Hälfte seiner Zeit verbrachte er mit Papierkram und in endlosen Sitzungen. Pausenlos mußte er Forschungsanträge und Berichte schreiben, Formulare der Verwaltung ausfüllen, darauf achten, daß sein mühsam erschriebenes Geld am Jahresende nicht wieder abkassiert wurde, in Fakultätssitzungen um jeden Bleistift kämpfen, sich um Sicherheitsklappen und Notduschen kümmern, Kriege um die Hörsaalbelegung führen... Einsame Spitze waren aber immer noch diese Reisekostenabrechnungsformulare – gekrönt von der Frage nach dem minutengenauen Grenzübertritt bei einem Flug nach Japan! Trosa fühlte sich erlöst wie ein geplagter Schuljunge – diese kalte Fusion hatte ihm sozusagen ein paar Tage Hitzefrei beschert.

Die Faxe gingen an Werner Rosenstock und einige andere befreundete Kollegen. Werner gratulierte er herzlich zu seiner grandiosen Entdekkung und bat ihn um ein sicher schon vorhandenes Veröffentlichungsmanuskript. Mit den Faxen an die übrigen Kollegen wollte er diplomatisch herausfinden, wer schon Näheres in Erfahrung gebracht und wer die Absicht hatte, eigene Experimente zur Nachprüfung zu unternehmen.

Jürgen Maas war mit Sicherheit der beste Doktorand, den Trosa bisher gehabt hatte – eine Begabung, wie man sie höchstens alle zehn Jahre einmal findet. Stefan betrachtete es als Glücksfall, daß Maas gerade jetzt bei ihm war. Zum Zeichen seiner besonderen Wertschätzung weihte er ihn als ersten ein und bot ihm an, für die Experimente mit nach Berlin zu kommen. Er erklärte ihm, wie wichtig die Mitwirkung eines Radiochemikers sei, und informierte ihn über seine Abmachung mit Michel.

Auch Maas war aus den Medien bereits informiert. Die Zeitungen brachten heute die gleiche Meldung wie das Fernsehen am Freitag abend. Neue Einzelheiten konnte man daraus aber nicht entnehmen. Natürlich war Maas begeistert und hatte schon selbst daran gedacht, seinem Doktorvater die Wiederholung der Experimente vorzuschlagen. Es hatte zwar nicht direkt mit dem Thema seiner Doktorarbeit zu tun, aber in einem solchen Fall muß die andere Arbeit eben ein paar Tage oder Wochen zurückstehen. Er würde die Zeit schon wieder aufholen. Genauso hatte es Trosa von ihm erwartet.

Jürgen Maas hatte die Nachricht am Freitagnachmittag im Labor im Radio gehört. Dabei war ihm eingefallen, daß er beim letzten Elektrochemiker-Kongreß in Lyon einen Doktoranden von Professor Cox kennengelernt hatte. Gleich hatte er diesen per E-mail um weitere Einzelheiten gebeten. Trosa war begeistert – er fand noch nachträglich, daß es eine lohnende Investition gewesen war, Maas trotz der knappen Reisemittel zu dem Kongreß mitzunehmen. Leider war bisher noch keine Antwort gekommen.

„Herr Professor", setzte Maas verhalten an, „ich möchte Ihrem Enthusiasmus gewiß keinen Dämpfer aufsetzen, aber erinnern Sie sich eigentlich noch an ein Gespräch, das wir vor etwa einem Jahr führten? Es war einer jener Abende, an denen Sie länger als üblich bei mir im Labor geblieben waren. Nachdem ich Ihnen meine neuesten Ergebnisse gezeigt hatte, kamen wir über alles mögliche ins Plaudern. Sie erzählten mir von den neuen Hochtemperatur-Supraleitern und waren fasziniert, wie Bednorz und Müller mit ihren simplen Mischoxiden alle Theoretiker zur Verzweiflung gebracht hatten, denn Supraleitung hätte es bei diesen Temperaturen theoretisch gar nicht geben dürfen."

„Ja, ich erinnere mich. Aber wieso erwähnen Sie das jetzt?"

„Ihre Begeisterung für unkonventionelle Wissenschaft gab mir damals den Mut, Ihnen einen etwas verrückten Vorschlag zu machen."

„Und das war?"

„Ich habe Ihnen ein Experiment vorgeschlagen, mit dem man sich eigentlich nur blamieren konnte: Man müßte einmal versuchen, Titan elektrochemisch zu deuterieren, es sich richtig mit schwerem Wasserstoff vollsaugen zu lassen. Wenn man es anschließend schnell erhitzt, könnte es vielleicht zu einer Kernfusion kommen."

Trosa war ganz still geworden und hielt die Luft an.

„Sie haben mich damals sofort daran erinnert, daß solche Experimente wegen der im Erfolgsfall entstehenden Neutronenstrahlung in unserem Institut nicht möglich sind. Man müßte damit in eines unserer Kernforschungszentren gehen. Die Idee sei aber derart absurd, daß Sie es beim besten Willen niemandem ernsthaft vorschlagen könnten."

Bei den letzten Worten hatte Trosa seine Erinnerung wiedergefunden.

„Um Himmels Willen, Maas, ich muß der größte Idiot aller Zeiten gewesen sein. Wahrscheinlich habe ich Sie um den Nobelpreis gebracht! Wie soll ich das jemals wiedergutmachen? Mir fällt nur eines ein, was ich Ihnen noch anbieten kann, gewiß ein schwacher, aber vielleicht doch ein kleiner Trost."

Er verriet Jürgen Maas unter dem Siegel der Verschwiegenheit seine Pläne mit den glasartigen Metallen und versprach, ihn an den eventuell zustande kommenden Patenten zu beteiligen. Maas freute sich natürlich darüber, obwohl er fand, daß er darauf tatsächlich einen Anspruch hatte. Dies sprach er freilich nicht aus, denn inzwischen wußte er gut genug, daß er mit einer solchen Reaktion eines Doktorvaters sehr zufrieden sein konnte.

Trosa erzählte seinem Doktoranden, gewissermaßen als weiteren Trost, nun die Geschichte mit der Raman-Spektroskopie aus seiner Jugend.

„Es ist etwas Merkwürdiges mit dem Alter und der zunehmenden Erfahrung." sinnierte er laut. „Das Alter, oberhalb dessen man nicht mehr wesentlich klüger wird, erreichen wir vermutlich schneller, als uns lieb ist. Wenn der Erfolg jenseits dieser Grenze oft dennoch deutlich zunimmt, so liegt das wohl weniger an gestiegener Kreativität als am gewachsenen Erfahrungsschatz, der einem hilft, wenigstens die besonders zeitraubenden Fehler zu vermeiden. Aber man zahlt dafür, wie Sie an mir gesehen haben, mitunter auch einen hohen Preis. Aber was rede ich da, wir haben andere Sorgen. Und noch haben wir alle Chancen!"

Während des Seminars spürte jeder, wie sehr Professor Trosa die Situation genoß: Er schwelgte förmlich in Begeisterung. Auch in der Wissenschaft sind Sensationen nicht unbedingt an der Tagesordnung. Es konnte Jahrzehnte geben, die den Eindruck erweckten, die Zeit der großen Entdeckungen sei endgültig vorbei – wenn sich bei genauem Hinsehen auch die Ergebnisse der internationalen Spitzenforschung als zwar intelligente, aber eben nur konsequente Weiterentwicklungen an sich bereits bekannter Methoden und Tatsachen erwiesen. Doch in den letzten Jahren hatten sich die fast schon erloschenen Vulkane der Physik und Chemie wieder mit respektablen Eruptionen zurückgemeldet.

Schon hatte sich lähmend die Ansicht verbreitet, das rasant gewachsene theoretische Verständnis lasse kaum noch Freiräume für unerwartete Entdeckungen. Einige experimentelle Resultate, die ganze schon als endgültig betrachtete Theorien über den Haufen warfen, hatten jedoch diese Überzeugung plötzlich ins Wanken gebracht: Alles schien wieder möglich zu sein. Das steigerte den Mut der Forscher, auch aussichtslos erscheinende Ideen zu verfolgen. Aber all dies hatte sich bisher auf Arbeitsgebieten ereignet, die denen Trosas nicht eben nahestanden.

An einen Elektrochemiker war vor rund dreißig Jahren zum letzten Mal ein Nobelpreis vergeben worden. Das hatte seiner Disziplin schon den Ruf eingebracht, allmählich ausgereizt zu sein. Es war immer schwieriger geworden, besonders begabten Nachwuchs für dieses Fach zu begeistern; und die Zahl der Lehrstühle, die mit einem Elektrochemiker besetzt waren, ging in besorgniserregendem Ausmaß zurück.

Dies alles würde sich schlagartig zum Besseren wenden, wenn sich Rosenstocks Ergebnisse bestätigten. Stefan vermutete, daß in seinem Berufsleben solch ein Paukenschlag kein weiteres Mal ertönen würde, und er war fest entschlossen, diese Gelegenheit nicht ungenutzt verstreichen zu lassen.

Trosa war ein hervorragender Hochschullehrer, der seine Zuhörer in Vorlesungen und Vorträgen zu fesseln verstand. Immer wieder hatte er seinen Mitarbeitern und Doktoranden eingeschärft, daß der Vortragende selbst von seiner Sache begeistert sein muß, wenn er auch die Zuhörer begeistern will. „In deinem Herzen muß das Feuer brennen, daß du in anderen entzünden willst!“ hatte er dabei oft Thomas von Aquin zitiert. Ein guter Hochschullehrer, so fand er, muß auch schauspielerisches Talent besitzen. Gestik, Mimik, spannender Vortrag, gekonnte Wortwahl und brillante, einprägsame Formulierungen – dies alles mußte sich zu einem rhetorischen Gesamtkunstwerk zusammenfügen. Seine Mitarbeiter wußten, was sie in dieser Hinsicht von ihrem Chef erwarten durften. Diesmal aber, das fanden sie einhellig, übertraf er sich selber. Mit traumwandlerischer Sicherheit bewegte er sich souverän auf dem schmalen Grat zwischen visionärer Begeisterung und kritischer Skepsis.

Nach dem Seminar übergab ihm Frau Lohrbach eine Liste von Kollegen, die um seinen Rückruf baten. Darunter war sich auch Doktor Reuter, ein Mitarbeiter der Kraftwerke-Allianz, eines Unternehmens, das weltweit zu den Großen im Kraftwerksbau gehörte. Er beschloß, diesen zuerst anzurufen.

„Heute morgen", so erfuhr er, „hat sich unser Vorstand fast ausschließlich mit dieser neuen Kernfusion beschäftigt. Doktor Baumann, unser für Technik zuständiges Vorstandsmitglied, hatte davon gehört, und jetzt ist das ganze Haus in heller Aufregung. Meine Abteilung erhielt Order, umgehend herauszufinden, was an dieser Geschichte dran ist und ob man sie anwenden kann. Sie verstehen, man will der Konkurrenz keinen Vorsprung gönnen. Was halten Sie von der Sache?"

„Noch besitze ich nicht die geringste wissenschaftliche Detailinformation.", antwortete Trosa ausweichend. Er ließ aber durchblicken, daß er selbst die Experimente umgehend überprüfen werde. „Sie müssen jedoch davon ausgehen, daß Rosenstock schon vor der Pressekonferenz die entscheidenden Patente angemeldet hat. Wir sehen allerdings gewisse Chancen, neue, wirtschaftlich interessante Felder abzudekken", meinte er. „Ich werde Sie auf dem laufenden halten."

Ausgezeichnet, dachte Trosa. Preisgegeben hatte er nichts, aber für künftige Lizenzverhandlungen war er an der richtigen Stelle schon im Gespräch.

Seine Kollegen vom eigenen Fach informierte er etwas ausführlicher. Schließlich wollte er verhindern, daß diese ihn als Trittbrettfahrer betrachteten, der als einer der letzten auf den fahrenden Zug aufgesprungen ist. Anders als in der Wirtschaft ist es in der Wissenschaft stets ratsam, die Konkurrenz frühzeitig über die eigenen Pläne aufzuklären, um die Claims abzustecken. Keineswegs alle beabsichtigten, in das Thema einzusteigen – ja, die Mehrheit hatte sich sogar schon der Meinung von Klaus Gerlach angeschlossen, der bezweifelte, daß es sich wirklich um eine Kernfusion handelte. Gerade diese Kollegen aber versicherten ihm wortreich, wie verdienstvoll es sei, daß er sich der Sache annehmen wollte.

Doktor Schröder vom Kernforschungszentrum, mit dem Trosa schon früher gemeinsame Projekte bearbeitet hatte, ließ Interesse an einer Zusammenarbeit durchblicken. Er schien ein wenig enttäuscht zu sein, daß Trosa sich schon mit Michel arrangiert hatte. Das war verständlich. Mit dem allmählichen Niedergang der Kerntechnik im Lande waren diese Zentren in eine Krise geraten, die sie verzweifelt nach neuen Betätigungsfeldern suchen ließ. Sollte die neue Fusion Bestand haben, würde dies auf längere Sicht auch manches Problem der Großforschung lösen. Für Trosas Geschmack mangelte es diesen Strukturen aber an der nötigen Flexibilität, so daß er um Verständnis dafür bat, die Versuche zur grundsätzlichen Überprüfung zunächst an einem Hochschulinstitut vornehmen zu wollen. Sollte er Erfolg haben, dann würde er sehr gern auf das Angebot einer Zusammenarbeit zurückkommen, vertröstete er Schröder.

Gleich am nächsten Morgen erschien Jürgen Maas aufgeregt beim Chef und hielt triumphierend einen dünnen Stapel bedruckten Papiers in der Hand. Der Doktorand aus Texas hatte ihm endlich mitgeteilt, wo im weltweiten Computernetz das gewünschte Manuskript abgerufen werden konnte. Sofort stürzten sich beide auf die Lektüre. Der Computerausdruck enthielt nur den Text der inzwischen eingereichten Veröffentlichung und die Bildunterschriften. Die Abbildungen selbst fehlten. Das war aber vorerst nicht störend – der Text war spannend genug.

Rosenstock und Cox hatten in unterschiedlichen Experimenten Energieausbeuten von bis zu 500 % erhalten. Das hieß, bezogen auf die für die Elektrolyse eingesetzte Energie hatten sie einen vierfachen Energiegewinn erzielt. Und das waren nur die Ergebnisse der allerersten Experimente! Diese konnte man in jedem Fall noch optimieren, so daß mit Sicherheit deutliche Steigerungen der Ausbeute an Energie zu erwarten waren. Wirklich fabelhafte Aussichten! Das Energieversorgungsproblem der Menschheit wäre für Jahrtausende gelöst. Trosa fand seine kühnsten Erwartungen übertroffen. Diese Energie war mit winzig kleinen, spottbilligen Apparaturen erzeugt worden. Das Problem der meisten unserer heutigen Energieerzeugungstechniken besteht darin, daß die entsprechenden Anlagen erst oberhalb einer bestimmten Größe kostengünstig arbeiten können. Dies erzwingt eine ausgeprägte Zentralisierung der Energiewirtschaft. Bei der neuen Fusionsform war alles vollkommen anders. Sie wäre auch in kleinen Einheiten wirtschaftlich und erlaubte endlich eine Dezentralisierung. Oh, wie sehr wünschte Trosa, daß er diese Ergebnisse bestätigen könnte!

Bald jedoch erwachte seine Skepsis wieder. Das war ja kaum zu glauben. Rosenstock hatte das Problem der Radioaktivität offenbar nicht unterschlagen – wie Stefan vermutet hatte und auch entschuldigt hätte. Was er mit Cox an Neutronen und Tritium gemessen hatte, war wirklich nicht der Rede wert. Es entsprach etwa der Hälfte der Strahlenbelastung, der jeder Mensch durch die natürliche Radioaktivität und die kosmische Höhenstrahlung ohnehin ausgesetzt ist. Schon hundert Flugstunden in zehn Kilometern Höhe bringen für Passagiere und Besatzung etwa die gleiche Strahlendosis.

Nach allem, was er am Wochenende berechnet hatte, war diese Diskrepanz zwischen Energieentwicklung und Strahlenbelastung nicht erklärbar. Sie mußte auch Rosenstock aufgefallen sein – so naiv war der doch nicht! Herrgott, wenn dieser Artikel nur von Cox stammte, dann würde er ihn jetzt keines Blickes mehr würdigen. Ganz oben aber stand deutlich auch der Name *Werner Rosenstock*. Eine Arbeit seines Freundes und schließlich auch Gutachters seiner Habilitationsschrift konnte er nicht einfach in den Papierkorb werfen!

Hastig überflog er die folgenden Seiten, um endlich einen Hinweis darauf zu finden, daß auch Rosenstock diese Ungeheuerlichkeit bemerkt hatte. Da kam es: „Aus dieser Diskrepanz müssen wir mit aller Vorsicht schließen, daß es sich hier nicht um den bekannten klassischen Reaktionsweg der Fusion zweier schwerer Wasserstoffatome handelt, sondern offenbar um eine bisher unbekannte, besonders strahlungsarme Kernreaktion."

Das war ein sehr gewagter, sensationeller Satz. Der Physiker würde auf die Barrikaden treiben. Soweit Trosa sich erinnern konnte, hatte er nur einmal in seinem Leben einen ähnlich vorsichtig formulierten, aber gerade deshalb so fundamentalen Satz in einer wissenschaftlichen Abhandlung gelesen. Er stand in jener längst historischen Arbeit, in der vor mehr als fünfzig Jahren Otto Hahn und Lise Meitner ihre Entdeckung der Kernspaltung beschrieben hatten. Wenn Rosenstocks Behauptung stimmte, dann wäre sogar der Nobelpreis eine nebensächliche Kleinigkeit – dann hätte sein Kollege und Freund eine neue Energiequelle entdeckt, die nicht nur fast unerschöpflich, sondern zudem auch noch extrem umweltfreundlich und ohne jedes Risiko wäre. Damit hätte er selbst Prometheus übertroffen, dessen segensreiches Feuer immerhin das Klima der Erde durch das entstehende Kohlendioxid nachteilig beeinflußte.

Natürlich hatte auch Rosenstock, wie fast jeder Fachkollege, die klassische Arbeit über die Kernspaltung irgendwann gelesen und wußte genau, welchen Eindruck dieser schlichte Satz damals auf Chemiker und Physiker der Welt gemacht hatte. Lag in der Tatsache, daß er sich nun ebenso vorsichtig, ja bescheiden ausdrückte, nicht gerade eine besondere Anmaßung, mit der er von der Ungereimtheit seiner Ergebnisse abzulenken versuchte?

Bei diesem Gedanken hielt Trosa inne und vergewisserte sich, daß auch Maas an dieser Stelle angelangt war. Er fragte: „Herr Maas, was halten Sie von dieser bisher unbekannten Kernreaktion?"

„Ach, Herr Professor, denken Sie an den Quanten-Hall-Effekt, an die Rastertunnelmikroskopie oder an die Hochtemperatur-Supraleiter. Heutzutage ist doch alles wieder möglich. Warum also nicht? Für Professor Michel wird es schwierig werden, die wenigen Neutronen nachzuweisen. Wir sollten ihm die Arbeit gleich faxen, damit er sich darauf einstellen kann."

„Ja, Sie haben recht", antwortete Trosa und ließ dabei offen, ob er das Fax oder die Kernreaktion meinte. Gestern im Seminar hatte er versucht, die Balance zwischen Optimismus und Skepsis zu halten, doch dieser Junge kannte nur Euphorie. War er des Erfolges schon sicher? Seinem eigenen Glücksgefühl stand noch immer sein Instinkt für Gefahren und Fehlschläge im Wege. Waren dies erste Anzeichen des Alterns? Maas' Begeisterung konnte er nur mit Schweigen begegnen. Um keinen Preis wollte er noch ein weiteres Mal zur Symbolfigur gerontologischen Zauderns werden.

Und dennoch – von diesen kleinen Selbstzweifeln, die seine Doktoranden gelegentlich in Trosa auslösen konnten, ging nichts Deprimierendes aus. Im Gegenteil, in aller Regel war er die treibende Kraft. War es nun einmal umgekehrt, so konnte er das regelrecht genießen.

Für Trosa gab es kein faszinierenderes zwischenmenschliches Verhältnis als jenes zwischen Doktoranden und Doktorvater. Schon längst war er weise genug, von seinen Kindern nicht dieselbe Aufgeschlossenheit seinen Ratschlägen gegenüber zu erwarten, wie er sie bei seinen Doktoranden erlebte. Dies war keine Frage mangelnden Vertrauens oder mangelnder Wertschätzung seiner Kinder ihm gegenüber. Aber der leiblichen Kind-Vater-Beziehung fehlte die Komponente der Freiwilligkeit. Erziehung war eine Pflicht – und welch tiefe Befriedigung von bewußter Pflichterfüllung mitunter auch ausgehen mag, in ihr den einzigen Glücksspender zu sehen, käme wohl der Selbstverleugnung gleich.

Das Verhältnis zwischen Doktorand und Doktorvater hingegen bildete sich auf einer Art freiem Adoptionsmarkt. Auch dort ging es mitunter nicht ohne Zwänge ab. Doch die Wahlfreiheit, die sich Studenten und Professoren leisten konnten, hing unmittelbar von der Qualität beider Seiten ab, was in Trosas Augen einen besonderen Reiz dieser Beziehung ausmachte.

Wie eine Kind-Vater-Beziehung war auch die zwischen Doktorand und Doktorvater ein zutiefst individuelles Phänomen. Trosa hatte es oft gereizt, diese seine Ansicht sozusagen experimentell zu untermauern: Bei Vergabe des gleichen exakt definierten Themas an verschiedene Doktoranden-Professoren-Paare, davon war Trosa überzeugt, würden sehr wahrscheinlich ganz unterschiedliche Ergebnisse zustande kommen. Zu viel vom Erfahrungshorizont des Professors und den sich entwickelnden Stärken des Doktoranden floß in eine solche Arbeit ein. Ja, Trosa war sogar sicher, daß auch zwei Doktoranden, die sich beim gleichen Professor unabhängig voneinander dem gleichen Thema widmeten, am Ende recht unterschiedliche Arbeiten vorlegen würden! Er konnte sich des Eindruckes nicht erwehren, daß manche seiner Kollegen die Objektivität der Wissenschaft wohl überschätzten.

Übrigens war es sonderbar: Er kannte natürlich auch Kolleginnen und deren Doktoranden, aber er erinnerte sich nicht, jemals das Wort „Doktormutter“ gehört zu haben. Warum eigentlich nicht?

Es gab ein weiteres prägendes Element der Doktoranden-Doktorvater-Beziehung. In der Wissenschaft war es nicht üblich, daß man einander auf Tagungen oder in Publikationen ausführlich Irrtümer oder gar gelegentliche Dummheiten offenbarte. Dennoch wird wohl keine Forschungsarbeit auf der Welt abgeschlossen, ohne daß unterwegs auch Irrwege beschritten und wieder verlassen werden. Allein der Doktorand wird unmittelbarer Zeuge solcher Handlungsweisen seines Professors, was der Entwicklung des besonderen Vertrauensverhältnisses förderlicher ist als jeder gute Wille.

Während Trosa solchen Gedanken nachhing, betrat Frau Lohrbach das Zimmer. Sie sah genervt aus und sagte: „Herr Professor, bitte entschuldigen Sie, daß ich Sie trotz dieser so wichtigen Fusion mit einem Problem aus den Niederungen des Büroalltags behellige..."

„Ja, bitte?" reagierte er aufgeräumt.

„Ich habe da ein Problem mit unserer neuen Textverarbeitung...."

„Herr Maas, dabei können Sie uns sicher helfen?"

Frau Lohrbach fuhr, nun an beide gewandt, fort: „Ich versuche seit einer Viertelstunde, im Fax an Doktor Schröder die Anschrift einzusetzen – aber immer, wenn ich ganz korrekt 'Dr. rer. nat.' schreibe, erscheint das 'Rer. Nat.' auf dem Bildschirm mit großen Anfangsbuchstaben!"

Maas war sofort im Bilde. „Ach ja, wieder dieser Korrekturmechanismus... Ich werde ihn gleich auschalten." Er ging zu Frau Lohrbachs Computer, hangelte sich mit der Maus zielsicher durch endlose Menüs und entfernte schließlich ein kleines Kreuz. Und, oh Wunder – nun konnte Frau Lohrbach den Titel ohne Probleme schreiben.

Trosas Augen waren etwas schmaler geworden. „Lieber Maas", sagte er langsam, „vielleicht begegnen Sie zufällig einmal den Erfindern dieser Textverarbeitung. Dann richten Sie ihnen doch bitte folgendes aus: Wenn an unserem Institut irgendwann eine Sekretärin arbeiten sollte, die nicht weiß, daß ein neuer Satz mit einem Großbuchstaben beginnt, dann haben wir kein Softwareproblem, das diese Programmierer lösen müssen, sondern ein Personalproblem, das von *mir* gelöst wird!"

Unversehens begann das Faxgerät leise zu knattern und einige Blatt Papier auszuwerfen. Die Nachricht kam von Trosas Freund, Professor Grove, aus England und enthielt das volle Manuskript der Rosenstockschen Arbeit, um die er ihn gestern gebeten hatte.

Sein Doktorand, so mußte Trosa erkennen, war nicht nur technisch versierter, sondern er verfügte auch über die schnelleren Kommunikationsmittel. Daß sein Manuskript dafür nun alle Abbildungen enthielt, war wenigstens ein kleiner Trost.

IV

Der Flug nach Berlin verlief nicht gerade reibungslos. Trosa wollte die Geräte und Meßinstrumente natürlich nicht dem Frachtraum des Flugzeugs überlassen und mußte am Check-In-Counter zunächst resignierend zur Kenntnis nehmen, daß sein Handgepäck das erlaubte Limit bei weitem überstieg. Die Schalterdame fühlte sich nicht zu einer Entscheidung befugt; erst der eigens herbeigerufene Vorgesetzte ließ sich schließlich doch noch zur nötigen Kulanz herab. Beim Security Check war ohnehin nicht zu erwarten, daß man einen Potentiostaten mit einem Trockenrasierer verwechseln und ungehindert passieren lassen würde. Zu allem Überfluß konnte Jürgen Maas auch nicht darauf verzichten, seine obligatorischen Jeans zu tragen, was zwangsläufig noch eine intensive Inspektion seines privaten Reisegepäcks auslöste. Das weitverbreitete Märchen vom lustreisenden Wissenschaftler war damit hinreichend widerlegt.

Professor Michel hatte sie beide wortreich am Flughafen begrüßt und sogleich ins Institut gefahren. Während Maas und Trosa im Bunker die mitgebrachten Geräte auspackten, sprudelte es aus Michel heraus: „Also, dieser Natriumjodiddetektor, den die beiden Texaner für ihre Messung der Gammastrahlung verwendet haben, der ist wirklich ein gleichsam steinzeitliches Fossil. Bin tief beeindruckt, was die Amerikaner so alles an Antiquitäten herumstehen haben. Bei unserer sachkundigen Sammelleidenschaft ist das natürlich etwas ganz anderes: Wir haben schon für didaktische Zwecke noch einige dieser Dinger. State of the art, wie die Amis sagen, ist heute aber ein Germaniumdetektor. Kostet freilich einer so um die Hunderttausend. Bin ziemlich stolz drauf, daß wir gleich mehrere davon haben. Sie sind aber alle in laufende Meßreihen eingebaut. Das heißt, einen könnte ich notfalls für einen besonderen Zweck für ein paar Tage abziehen. Ich habe natürlich schon vor eurer Ankunft intensiv darüber nachgedacht, wie wir die Gammas am besten messen. Nicht, daß ich den Germaniumdetektor nicht herausrücken wollte. Aber ich denke, wir sollten das Ganze zunächst möglichst authentisch nachstellen, wie bei der Kripo – also mit dem Natriumjodidkasten. Die Energieauflösung ist zwar sehr bescheiden, aber das stört nicht weiter, weil wir ja wissen, wonach wir suchen. Bei aller Fortschrittsgläubigkeit: Eines muß man dem alten Ding lassen, es ist dreimal so empfindlich wie das neue Gerät. Im Klartext heißt das, wir können die Meßzeit auf ein Drittel verkürzen. Wie gefällt euch das?"

„Das sähe Rosenstock ähnlich," bemerkte Trosa, „ich würde mich nicht wundern, wenn er das alte Ding nur benutzt hat, weil es eben schneller ist."

„Entschuldigung", meldete sich Maas zu Wort, „ich verstehe nicht ganz, wieso Sie von Gammastrahlung reden. Ich denke, die Amerikaner haben die Neutronen direkt gezählt?"

„Natürlich, junger Freund, das haben sie auch, und wir werden es ebenso machen. Aber zusätzlich bilden diese Neutronen in einer Kernreaktion mit den Protonen in eurem Wasserbad wieder Deuterium, wobei Gammastrahlung freigesetzt wird, die wir gleichsam elegant als zusätzlichen Nachweis für die Fusion nutzen können. Übrigens, Stefan, das hat mir wirklich imponiert, daß deine beiden radiochemischen Selfmademen auf die Idee mit der Gammastrahlung gekommen sind! Ich möchte aber wetten, daß sie mit ihrem blitzschnellen Patent noch nicht erkannt haben, daß man auf diese Weise bis zu einem Viertel des verbrauchten Deuteriums aus normalem Wasser regenerieren kann. So wird vielleicht auch ein armer Meßknecht wie unsereiner noch ein paar Mark verdienen können."

„Ja, aber was hältst du von dieser neuen Kernreaktion?" wollte Stefan nun endlich von seinem Freund wissen. Diesen etwas heiklen Punkt hatte man bisher noch ausgespart.

„Tja, das ist in der Tat das Verrückteste an dieser ganzen Geschichte. Was heißt hier neue Kernreaktion? Keines der beobachteten Fusionsprodukte ist unbekannt. Mich würden Heliummessungen interessieren. Die gibt es aber noch nicht – sie sind auch nicht so einfach zu machen. Bei der Fusion zweier schwerer Wasserstoffkerne entsteht, wie vielleicht auch ihr wißt, zunächst ein Helium-4-Kern. Er ist schlicht das Verschmelzungsprodukt der beiden Deuteriumkerne, enthält also zwei Protonen und zwei Neutronen, außerdem aber so viel Energie, daß er einen Teil davon sofort loswerden muß. Das geht ganz einfach, indem von den vier Elementarteilchen des Primärkerns eines herausgeschossen wird. Wenn dies ein Proton ist, dann bleibt ein Tritiumkern zurück. Fliegt ein Neutron hinaus, dann entsteht Helium-3. Bei der uns bekannten heißen Fusion, etwa in der Sonne, passiert tatsächlich beides, und zwar mit etwa der gleichen Wahrscheinlichkeit. Das bedeutet, dieser Überschußenergie ist es vollkommen egal, welches Teilchen sie herausschießt. Es ist wie bei einer Kanone: Der ist es auch schnuppe, ob sie eine Kugel aus Eisen oder aus Stein abfeuert. Sie nimmt, was sie bekommt.

Für den einen Reaktionsweg haben eure Texaner das Tritium gemessen, für den anderen die Neutronen. Mit ein bißchen gutem Willen kann man aus ihren Ergebnissen sogar herauslesen, daß beide Reaktionswege tatsächlich mit gleicher Häufigkeit beschritten werden, wie man es auch erwarten sollte. Der Haken ist nur, daß bezogen auf die beobachtete Wärmemenge hundertmillionenmal mehr Neutronen und Tritium entstehen müßten. Dafür sehe ich nur eine einzige vernünftige Erklärung: Der größte Teil der primären Helium-4-Kerne denkt gar nicht daran, ein Teilchen loszuwerden, und bleibt erhalten. Im Inneren von eurem Palladium muß sich Helium-4 anreichern!

Eine neue Kernreaktion ist das beileibe nicht – nur gleichsam das Ausbleiben einer sehr wohl bekannten Reaktion. Was diese verflixten Helium-4-Kerne allerdings dazu bewegen soll, nicht zu zerfallen, nur weil sie im Palladium stecken, ist mir absolut schleierhaft. Und weil ich darum diesem Helium nicht ganz traue, bleiben wir mit den Versuchen vorsichtshalber hier im Bunker. Wenn aber tatsächlich nur die paar Protonen und Neutronen entstehen wie in Texas, dann könnten wir das Experiment auch zuhause in der Küche machen."

„Dazu würde ich aber nicht raten." Stefan war noch immer skeptisch. „In irgendeiner Nacht hat eine von Rosenstocks Zellen immerhin einen ganzen Abzug weggesprengt. Ich bin nicht sicher, ob das wirklich eine durchgehende Kernreaktion war – eher habe ich den Verdacht auf eine schlichte Knallgasexplosion. Unsere Zellen haben wir aber so gebaut, daß uns das nicht passieren sollte. Das ist übrigens auch ein Mangel im Manuskript von Rosenstock: Es fehlt eine saubere Zeichnung der Elektrolysezelle. Wenn ich den Artikel zu begutachten hätte, ginge mir der so nicht zum Druck! Er ist mit einer verdammt heißen Nadel gestrickt."

Schon am frühen Nachmittag waren die Experimente vollständig aufgebaut. Alle Meßinstrumente verrichteten ihren Dienst und registrierten auf Schreibern alle wichtigen Daten. Die Auswertung der Versuche war im Prinzip so einfach, daß man auf den Anschluß eines Computers zur Datenerfassung verzichten konnte. Für die nächsten ein bis zwei Stunden war nichts Aufsehenerregendes zu erwarten, da sich die Palladiumelektroden zunächst mit schwerem Wasserstoff vollsaugen mußten. Hans Michel schlug darum vor, inzwischen beim Italiener eine Kleinigkeit zu essen.

„Eine Sache muß ich Ihnen noch erzählen", begann Jürgen Maas, während er seine Carbonara auf die Gabel drehte. „Am Montag nach dem Seminar habe ich mich an meinen Computer gesetzt und ein bißchen recherchiert. Es wollte mir nicht in den Kopf, daß es in der Fachliteratur überhaupt noch keine Hinweise auf diese Art von Kernfusion geben sollte."

„Und haben Sie etwas gefunden?" fragte Hans Michel interessiert.

„Ja, da wurde so eine merkwürdige russische Arbeit erwähnt. Sie ist jetzt vier Jahre alt. Wir haben die Zeitschrift nicht in unserer Institutsbibliothek, so daß ich die Veröffentlichung erst gestern besorgen konnte. Wenn sich die Sache bestätigt, dann sieht es so aus, als ob sich Rosenstock und Cox den Nobelpreis mit ein paar Russen teilen müßten."

„Was Sie nicht sagen!" warf Trosa verblüfft ein. „Was haben die denn gemacht?"

„Sie nahmen Lithiumdeuterid und spannten die Kristalle fest ein. Dann haben sie mechanisch ein richtiges Projektil darauf geschossen und daneben einen Neutronendetektor aufgestellt. Immer, wenn ein

Kristall getroffen wurde, konnten sie tatsächlich ein paar zusätzliche Neutronen registrieren. Ihre Erklärung war, daß der Kristall beim Aufprall des Geschosses zerbricht und sich Bruchflächen mit hoher elektrostatischer Aufladung bilden. Die damit verbundenen elektrischen Feldstärken würden dann einige Deuterium-Ionen so stark beschleunigen, daß es zu einzelnen Fusionsprozessen käme."

„Ach, du lieber Gott!" stöhnte Trosa. „Es wird ja immer verrückter! Von dieser Arbeit hat Rosenstock ja keine Silbe erwähnt! Na, das ist typisch für diese Angelsachsen: Im Lesen und Zitieren nichtenglischer Literatur sind sie nicht gerade Weltmeister. Man hat es als Ausländer wirklich nicht leicht, überhaupt wahrgenommen zu werden. Wer sind denn die Autoren dieser russischen Arbeit?"

Es waren ihrer neun an der Zahl. Unser Doktor hieß bei den Russen Kandidat der Wissenschaft. Um diesen Titel zu erwerben, mußte man sieben wissenschaftliche Veröffentlichungen vorweisen können. So schrieben sich junge Leute oft gegenseitig mit auf ihre Publikationen, um die vorgeschriebene Zahl möglichst schnell zu erreichen. Mit sozialistischem Kollektivgeist hatte dies allerdings weniger zu tun...

Jürgen Maas las die Autoren der Reihe nach vor. Beim letzten Namen, Derjagin, schrie Stefan Trosa regelrecht auf: „Nein, das darf doch nicht wahr sein!"

„Was regt Sie denn so auf, Herr Professor?" fragte Maas verdutzt.

„Ausgerechnet Derjagin! Na, wenn das mal kein böses Vorzeichen ist. Während meiner eigenen Doktorandenzeit wollte genau dieser Derjagin aus Nowosibirsk den Physikochemikern einreden, er habe eine neue Wassermodifikation entdeckt. Sie sollte eine höhere Viskosität und einen höheren Siedepunkt als normales Wasser haben und schien alle bisherigen Theorien des flüssigen Zustandes über den Haufen zu werfen. Derjagin konnte diese sonderbare Suppe aber nur in hauchdünnen Glaskapillaren in homöopathischen Mengen herstellen, was die Untersuchungen mit der damaligen Analytik ziemlich erschwerte. Es dauerte etwa ein Jahr, bis einige Amerikaner nicht ohne Schadenfreude herausfanden, daß es sich doch nur um ganz normales Wasser handelte, das mit gelöster Kieselsäure verunreinigt war. Ausgerechnet Derjagin will nun auch diese merkwürdige Kernfusion gefunden haben! Na, ein Witz der Wissenschaftsgeschichte wäre es schon, wenn sich die Rosenstocksche Fusion als eine Art amerikanisches Derjagin-Wasser erweisen sollte."

„Na, Moment mal!" mischte sich Hans Michel wieder ein. „Jetzt geht aber einiges mit dir durch, mein lieber Freund. Erstens möchte ich doch nüchtern feststellen dürfen, daß die Rosenstocksche und die Derjaginsche Arbeit offenbar ganz unabhängig voneinander entstanden sind und daß beide im Prinzip das gleiche Phänomen beschreiben. Nach allen uns liebgewordenen Regeln der alten Mutter Wissenschaft spricht dies nicht gegen, sondern für den Wahrheitsgehalt der zugrunde liegenden Beobachtung. Zweitens darf ich dich als Elektrochemiker mit allem Respekt darauf hinweisen, daß auch Rosenstock in der Anwesenheit von gelösten Lithiumsalzen im schweren Wasser eine notwendige Voraussetzung für das Eintreten seiner Kernfusion sieht. Du wirst wohl zugeben, daß dies ganz gut zusammenpaßt. Nun übe dich mal in gleichsam christlichen Grundtugenden und verzeihe dem armen Derjagin seine Jugendsünde."

„Du hast recht, Hans", meinte Stefan nun wieder versöhnlich. „Wir sollten in der russischen Arbeit ein Hoffnungszeichen sehen. Kommt, laßt uns zahlen und in den Bunker zurückkehren."

Der weitere Nachmittag verlief großartig. Trosa ließ es sich nicht nehmen, die ersten Wärmebilanzen selbst zu berechnen – schließlich wollte er seinem Doktoranden zeigen, daß der Chef das Handwerk auch noch beherrscht. Anfänglich war nichts Aufregendes zu beobachten. Die Bilanzen lieferten mit Abweichungen von weniger als 2 % glatte 100 % Wärmeausbeute, ein erfreuliches Zeichen dafür, daß mit der Apparatur alles in Ordnung war. Sonst nichts.

Doch endlich, gegen fünf Uhr am Nachmittag, war die Temperatur in der Elektrolysezelle deutlich um einige Grad angestiegen. Stefan war so aufgeregt, daß er die folgende Wärmebilanz schweigend gleich dreimal hintereinander rechnete, bevor er sich mit strahlender Siegermine den beiden anderen zuwandte und „Heureka!" rief. Die Wärmeausbeute lag lupenrein bei 187 %! Man fiel einander in die Arme wie auf dem Fußballfeld.

„Hans, wie sieht es mit deinen Neutronen und Gammas aus?“ wollte Stefan nun wissen.

„Da muß ich euch wohl allmählich schonend auf eine lange Nacht vorbereiten. Es sieht bis jetzt so aus, als würden bei uns auch nicht mehr Neutronen entstehen als bei den Texanern. Wenn das so weitergeht, brauchen meine Detektoren noch mindestens acht Stunden, bis wir so viele Ereignisse akkumuliert haben, daß sich ein halbwegs ernstzunehmendes Signal aus dem Rauschen des Untergrundes abzeichnen kann.“

„Herr Maas, übernehmen Sie ab jetzt bitte die Wärmebilanzen“, bat Trosa. „Ich möchte, daß wir unabhängig voneinander gemessene Werte erhalten.“

Die Wärmeausbeuten blieben innerhalb der nächsten vier Stunden auch bei Jürgen Maas auf einem Niveau von über 150 %. Dann wurden plötzlich wieder nur schlichte 100 % gemessen. Das war zunächst keineswegs beunruhigend: Sehr gut konnte man sich vorstellen, daß die Fusion erst bei einer bestimmten Beladung des Palladiums mit Deuterium ansprang. Dann würde das Deuterium schneller verbraucht, als es durch die Elektrolyse nachgeliefert werden konnte, so daß die Fusion nach einiger Zeit wieder zum Stillstand käme. Während Maas sich um die Palladiumzellen kümmerte, beschäftigte sich Trosa mit den anderen Zellen, in die sie seine glasartigen Titan-Kupfer-Legierungen eingebaut hatten. Es war wirklich kaum zu glauben – auch diese zeigten einen nennenswerten Wärmeüberschuß. Schon morgen wollte er sich mit Jürgen Maas hinsetzen und ein erstes Patent schreiben.

Gegen ein Uhr in der Nacht rief Hans Michel seine Kollegen zu dem Detektor für die Gammastrahlung.

„Der Neutronenzähler überzeugt mich noch nicht. Aber das ist auch kein sehr leistungsfähiges Gerät. Von dem dürfen wir nicht zuviel erwarten. Aber das hier, auf dem Bildschirm des Gammaspektrometers, beginnt allmählich, gleichsam mein Wohlwollen zu finden."

Dabei zeigte er auf eine von links nach rechts abfallende Flanke, auf der sich etwa in mittlerer Höhe ein kleiner Buckel gebildet hatte.

„Hier, diese Andeutung von einem Hügel auf dem Abhang, das muß es sein. Jedenfalls ist das die Energie, bei der die Gammas kommen müssen. Mehr wird heute nicht drin sein. Ich erlaube mir deshalb vorzuschlagen, daß ich euch jetzt in euer Hotel bringe und wir alle erst einmal schlafen gehen. Morgen um sieben Uhr hole ich euch ab. Dann wissen wir mehr."

Im Hotel angelangt, war Stefan Trosa noch immer so aufgekratzt, daß er unmöglich gleich schlafen konnte. Er griff zum Telefonhörer, um Claudia anzurufen. Sie hatte zwar schon geschlafen – das spürte er, ohne daß sie es erwähnte –, aber sie hörte sich geduldig alles an, was er zu berichten hatte. Um den späten Anruf zu rechtfertigen, hatte er gleich zu Beginn mitgeteilt: „Claudia, es spricht alles dafür, daß wir die Fusion bestätigen können. Morgen früh werden wir ganz sicher sein." Sie war schon eine Perle: Selbst zu dieser nachtschlafenden Zeit brachte sie es noch fertig, ihm mit warmen Worten zu versichern, wie sehr sie sich für ihn freute. Danach schlief er augenblicklich entspannt ein.

Der verdiente Schlaf hielt aber leider nicht lange an. Schon nach einigen Stunden schreckte Stefan regelrecht auf. Da waren ihm doch im Halbschlaf einige ganz und gar beunruhigende Gedanken durch den Kopf gegangen. Er mußte sich einen Moment sammeln, bis er den schrecklichen Verdacht wirklich greifen konnte.

Sie hatten, da praktisch keine Strahlung entstand, den ganzen Tag über bei offener Bunkertür gearbeitet. Der Bunker lag zwar im Keller, aber tagsüber hatte sich das nicht klimatisierte Gebäude durch die Sonnenstrahlung aufgeheizt, so daß auch warme Luft in den Keller gelangt war. Deutlich meinte Stefan sich nun zu erinnern, daß auch die Raumtemperatur im Bunker, die sie Gott sei Dank auf dem Schreiber mit registriert hatten, im Laufe des Nachmittages leicht angestiegen war. Dies mußte man doch bei den Wärmebilanzen berücksichtigen! Es würde ihm nichts anderes übrigbleiben, als morgen früh mit Maas alle Bilanzen noch einmal neu zu rechnen, und Stefan war schon jetzt klar, daß der Wärmeüberschuß dann geringer ausfallen würde. Hoffentlich bliebe überhaupt etwas übrig. Einen wirklich erholsamen Tiefschlaf fand er in dieser Nacht nicht mehr.

Am nächsten Morgen teilte er seine Hiobsbotschaft als erstes den beiden mit, die sogleich die Köpfe senkten und betreten dreinblickten. Doch bevor sie die Berechnungen wiederholten, wandten sie sich der Gammamessung zu. Wenigstens die ließ wieder etwas Optimismus zurückkehren. Der kleine Buckel war über Nacht erkennbar weiter gewachsen, und Michel war sich nun ganz sicher, daß dies ein echtes Signal war.

Stefan Trosa und Jürgen Maas zogen sich danach in eine ruhige Ecke zurück und schrieben ihre Formeln für die Berechnung der Wärmeausbeute neu auf einige Blatt Papier, wobei sie diesmal auch die Raumtemperatur berücksichtigten. Maas hatte die Spielerei mit dem Taschenrechner inzwischen satt und schrieb für die Auswertung nun doch schnell ein kurzes Computerprogramm. Das dauerte weniger als eine halbe Stunde, und anschließend waren in ein paar Minuten alle Bilanzen des gestrigen Tages neu berechnet. Das Ergebnis war deprimierend. Nahezu alle Messungen lagen nun fast genau bei hundert Prozent. Lediglich zwei Werte mit 105 und 108 % verbreiteten noch einen Rest von Hoffnung, aber sie konnten durchaus auch auf kleine Fehler bei den Temperaturmessungen zurückzuführen sein.

Hans Michel wollte sich nun auch mit seinem Gammabuckel nicht mehr recht wohl fühlen.

„Freunde, ich sage euch, da ist etwas. Aber inzwischen ist mir dieser antike Natriumjodidkasten zunehmend suspekt geworden. Den genauen Wert der Energie der gemessenen Gammas kann ich mit diesem Oldtimer beim besten Willen nicht bestimmen. Den wüßte ich aber nun doch ganz gern, denn weiß der Teufel, was in dem breiten Energiebereich, den wir mit dieser Röhre sehen, alles in der Gegend herumfliegt. Ich habe zwar keinen konkreten Verdacht, anders als ihr Helden mit der Raumtemperatur, aber ich möchte ganz sicher gehen. Ich hole jetzt den Germaniumdetektor, und dann müssen wir eben noch einen Tag opfern. Ihr wollt ja auch noch auf ein paar bessere Wärmebilanzen warten. Ich werde die Energie exakt bestimmen, wie sich das für anständige Leute gehört, und dann kann ich mit Sicherheit sagen, ob das Fusionsneutronen sind oder nicht."

Der Germaniumdetektor war bald installiert. Die Stimmung hatte inzwischen ihren relativen Tiefpunkt erreicht. In diesem Augenblick kam ein Anruf aus Trosas Büro. Stefan wechselte ein paar Worte mit Frau Lohrbach und bat dann darum, das fragliche Papier doch sofort zu faxen.

Gestern war Rosenstock ganz unerwartet am CERN in Genf aufgetaucht, um dort einen Vortrag zu halten. Er hatte jedoch ausdrücklich darum gebeten, keine externen Gäste einzuladen. Der Vortrag hatte allerdings nichts ergeben, was über das vorliegende Veröffentlichungsmanuskript hinausgegangen wäre.

Einer der CERN-Leute, Doktor Mortimer, hatte gleich anschließend einen recht ausführlichen Report geschrieben und sofort an eine Reihe von Wissenschaftlern geschickt, so auch an Trosa. Interessant war der Bericht über den Verlauf der Diskussion. Werner Rosenstock mußte sich eine Menge recht kritischer Fragen gefallen lassen, auf die er aber sehr gelassen und souverän reagierte. Freimütig gab er zu, daß man noch ganz am Anfang stünde. Vieles sei noch zu klären. Geschickt wies er darauf hin, daß die Experimente recht schwer zu reproduzieren seien und sie selbst im Moment nur Spekulationen darüber anstellen könnten, warum das eine Experiment gelinge und das andere nicht.

Das konnte stimmen, aber auch eine raffinierte Taktik sein – so konnte er noch wochenlang mit den Achseln zucken, wenn andere Forschergruppen berichteten, daß sie die Experimente nicht nachvollziehen konnten. Immer wieder flocht Rosenstock in seine Antworten aber die Aussage ein, daß diese Messungen seit nunmehr zehn Monaten insgesamt so viele positive Ergebnisse geliefert hätten, daß ein rein chemisches Phänomen als mögliche Erklärung absolut ausscheide. Immer, wenn etwas einigermaßen interessant erschien, hatte Trosa das Lesen unterbrochen und seine Kollegen sofort informiert.

„Hör mal, Hans, was da steht. Das wird dich freuen, denn es bestätigt deine Theorie von gestern. Rosenstock hat in Genf erzählt, daß inzwischen eine Gruppe von theoretischen Physikern am MIT ausgerechnet hat, daß es durch Energieabsorption im Palladiumgitter nicht nur möglich, sondern sogar wahrscheinlich ist, daß der primäre Helium-4-Kern nicht weiter zerfällt. Wie gefällt dir das?"

„Ach, hör auf damit. Das interessiert mich überhaupt nicht. Erst messen, dann diskutieren, hat mir mein seliger Doktorvater eingebläut. Anständige Theoretiker sollen etwas vorhersagen und nicht nachträglich etwas gesundbeten. Ich will nicht hören, was sein kann, ich will wissen, was ist. Dazu will ich bärenstarke Meßergebnisse sehen! Was der Rosenstock da hat, das ist aber kein Grizzly, sondern bestenfalls ein mickriges Gummibärchen. Und das, was wir bisher sehen, das ist auch nicht besser: Du mußt schon dreimal hinschauen, damit du überhaupt etwas erkennst."

An den Wärmebilanzen änderte sich auch an diesem Tage nichts mehr. Wesentlich besser entwickelte sich die neue Gammamessung mit dem Germaniumdetektor.

Scharf wie ein Grashalm ragte da ein einzelner Peak aus dem moosartig verrauschten Untergrund der Messung. Er war von einer Symmetrie und ebenmäßigen Schönheit, wie sie kein natürlicher Grashalm je besitzen konnte.

Am Abend druckte Michel das Spektrum aus, um die Energie des Peaks zu bestimmen. „Da habt ihr es!" knurrte er. „Er liegt exakt bei 2,20 Megaelektronenvolt. Er müßte aber bei 2,22 liegen. Ein ganzes Prozent daneben!"

„Ja, aber ist denn deine Energiemessung so extrem genau, daß dich dieses eine kleine Prozent so irritiert?" fragte Trosa.

Der Ton in Michels Stimme änderte sich leicht. „Hör mal, mein lieber Freund, das hiër ist ein Präzisionsgerät. Meinst du, ich bin so verschwenderisch, Hunderttausend auszugeben, um mich dann nicht einmal auf ein Prozent verlassen zu können? Das ist etwas anderes als eure billigen Thermoelemente für die Wärmebilanzen. Nichts für ungut, ihr erwartet ja größere Effekte, so daß ihr zwei oder drei Prozent Fehler aushalten könnt. Du kannst es mir aber glauben, der Peak liegt exakt ein Prozent daneben. Wir haben eine Fahrkarte geschossen!"

„Hans, ich will ja deine Messung nicht anzweifeln, aber vielleicht könntest du doch so nett sein, auch zu meiner Beruhigung etwas beizutragen. Du hast doch hier sicher irgendein Präparat herumstehen, das Neutronen abstrahlt. Wenn wir das neben ein Glas Wasser stellen, dann müßten wir doch genau die Gammas messen, die wir suchen – und wenn der Peak dann tatsächlich um ein Prozent höher liegt, dann werde ich mich endgültig geschlagen geben."

„Also gut, ich bin ja kein Spielverderber. Morgen sollst du Agnostiker dein Vergnügen haben. Aber während du auf den Schirm des Spektrometers starrst, werde ich all meine Wälzer durchwühlen, bis ich dir sagen kann, was für einen schrägen Peak wir da aufgefischt haben. Wir bewegen uns hier nämlich in einem ganz exotischen Energiebereich, in dem ich mich mein Lebtag noch nicht herumgetrieben habe, weil ich bisher noch nie auf die Idee gekommen bin, gleichsam in einem Wasserglas nach einer Kernfusion zu suchen."

Der dritte Tag verlief so, wie es Hans Michel angekündigt hatte. Dieser zog sich gleich am Morgen in die Bibliothek zurück, nachdem er im Bunker das vorgeschlagene Kontrollexperiment mit einem Berylliumpräparat aufgebaut hatte. Bevor er den Keller verließ, wandte er sich noch einmal nicht ohne Sarkasmus, weil ihn die Zweifel an der Genauigkeit seiner Geräte immer noch ärgerten, an Stefan: „So, mein Lieber, während ich jetzt neues Wissen tanken gehe, bist du vielleicht so nett, die Messung solange zu beobachten, bis dein Vertrauen zu mir wieder hergestellt ist. Da der falsche Peak von gestern irgendwoher gekommen ist, nur nicht aus deiner Elektrolysezelle, wird heute ganz dicht daneben ein zweiter Peak auftauchen – und zwar exakt ein Prozent daneben, das sind hier auf dem Schirm etwa drei Millimeter.

Wenn du sicher bist, dort etwas zu sehen, sei so nett und rufe mich in der Bibliothek an."

Stefan kannte seinen Freund hinreichend gut, um zu wissen, daß jetzt jeder Ausdruck von Zweifel oder gar Widerspruch völlig sinnlos gewesen wäre, so daß er es mit einem gespielt unterwürfigen „Jawohl!" bewenden ließ.

In der Tat, nach etwa zwei Stunden konnte auch für Stefan kein Zweifel mehr daran bestehen, daß der zweite Peak eindeutig zu erkennen war. Noch bevor er sich zu dem verabredeten Anruf in der Bibliothek durchringen konnte, erschien Hans Michel selbst wieder im Bunker. Mit einem kurzen Blick auf den Bildschirm erfaßte er sofort die Situation, verzichtete aber großzügig auf einen Kommentar. Nicht gerade strahlend, aber doch von seinem Wert überzeugt, verkündete er statt dessen: „Ich habe es. Was wir da gesehen haben, ist die Zerfallsstrahlung eines natürliches Wismutisotopes, genaugenommen des Wismut-214. Das ist in jedem Beton und in jedem Ziegelstein vorhanden. Nicht sehr viel davon, aber doch immerhin soviel, daß wir es recht sauber messen konnten. Wir haben also wieder etwas Neues gelernt, Gentlemen. Wann immer wir in Zukunft in Ruhe gleichsam in unseren vier Wänden sitzen und am Abend einen Whisky schlürfen, werden wir andächtig daran denken, daß wir einer Gammastrahlung von exakt 2,20 Megaelektronenvolt ausgesetzt sind. Und daran ist nicht einmal die böse Kernenergie schuld, sondern ganz allein unsere liebe Mutter Natur. Ein schöner Gedanke, nicht wahr?"

Der vierte Tag diente nur noch der Abrundung. Die Tritiummessungen ergaben die erwarteten Jahrgangsunterschiede im verwendeten schweren Wasser. Sie lagen alle im gleichen Bereich wie die von Rosenstock und Cox verzeichneten Werte, aber diese gaben nicht an, wie alt das von ihnen verwendete Wasser war. Irgendwie beweiskräftig für eine Kernfusion waren die Werte jedenfalls nicht.

Maas und Trosa stellten nun auch ihre Elektrolysezellen ab und zerlegten sie wieder in ihre Einzelteile. Dabei legte Trosa eine der Palladiumblechelektroden, die er zuvor mit einem Zellstofftuch sorgfältig abgetrocknet hatte, für eine Weile auf eine Schreibtischplatte im Labor.

Als Schreibunterlage befand sich auf dem Tisch eine mit durchsichtiger Kunststoffolie bespannte Tafel, die das Periodensystem der Elemente zeigte. Irgendwo bei den Aktiniden, radioaktiven Elementen, hatte er die Elektrode abgelegt.

Als er sie wieder aufnehmen wollte, zuckten seine Finger blitzartig zurück. Sie war inzwischen ganz heiß geworden. Er entfernte sie mit Hilfe einer Pinzette und stellte fest, daß sie ein scharf umrandetes tiefes Loch in das Periodensystem gebrannt hatte.

„Hans, komm mal bitte her und sieh dir das an. Sie bitte auch, Herr Maas!"

„Ja und? Du hast einen Brandfleck in die schöne Schreibplatte gemacht", stellte Michel nüchtern fest.

„Am Ende wirst du mir vielleicht noch unterstellen, ich hätte in deinem heiligen Labor geraucht und das mit einer Zigarettenkippe fertiggebracht? Irrtum, das war eine unserer Palladiumelektroden! Da hätte ich natürlich vorher dran denken können. Bevor ich die Elektrode aus der Zelle nahm, befand sie sich unter der Wasseroberfläche. Da kam kein Sauerstoff hin, und infolgedessen hatte das Blech normale Raumtemperatur, als ich es herausholte. Auf dem Tisch hatte dann aber die Luft freien Zutritt, und der Wasserstoff konnte aus dem Palladium entweichen. An der katalytisch wirksamen Oberfläche des Palladiums wurde dieser dann oxidiert, wobei sich Wärme entwickelte, die das Blech aufgeheizt hat. Mein Gott, das haben wir doch alles schon in der Schule gelernt! Nach diesem Prinzip hat der alte Döbereiner sogar vor mehr als 150 Jahren schon ein Feuerzeug gebaut."

Blitzartig kam Stefan Trosa in diesem Augenblick ein neuer Verdacht, der vielleicht auch das letzte Geheimnis dieser mysteriösen Fusion auf natürliche Weise erklären konnte.

„Ich möchte wetten, daß Rosenstock eine ungeteilte Zelle verwendet hat, obwohl er uns dazu keine Abbildung gegönnt hat. Das ist an sich schon verdächtig. Er schreibt auch keine Silbe davon, daß er kontinuierlich schweres Wasser nachgefüllt hat, um den Wasserverbrauch der

Elektrolyse zu ersetzen. Wenn nun im Laufe der Versuchszeit der Wasserspiegel unter die Oberkante der Elektrode abgesunken ist, dann ist in seinen Zellen exakt das gleiche passiert wie hier auf dem Tisch: Die Elektrode hat Wasserstoff gespeichert, der dann unter Wärmeentwicklung abreagieren konnte. Das erklärt auch, daß die Wärmeentwicklung immer nur sporadisch beobachtet wurde. Und was den Abzug demolierte, war ganz einfach eine Knallgasexplosion! Maas, wir müssen dem nachgehen und diesen Vorgang quantitativ modellieren. Den Wärmeübergang zwischen dem Metall und dem Gas können wir abschätzen, die Wärmeleitfähigkeit des Palladiums ist bekannt, und für den Wärmeübergang von der gasenden Elektrode ins Wasser können wir unser eigenes früheres Modell verwenden."

Der Rest war nicht mehr schwierig. Maas formulierte aus allen Gleichungen wieder mit beeindruckender Routine ein Computerprogramm, mit dem alle Versuche von Rosenstock und auch das Geschehen auf der Tischplatte simuliert werden konnten. Alles paßte! Jeder einzelne Versuch ließ sich also auf ganz unspektakuläre Weise rein chemisch erklären.

Nun schien endgültig festzustehen, daß Klaus Gerlach von Anfang an recht behalten hatte.

V

Bevor Stefan Trosa für ein paar Tage zurück nach Karlsruhe flog, ließ es sich Hans Michel nicht nehmen, den Freund aus der gemeinsamen Studienzeit zum Abendessen nach Hause einzuladen. Beide hatten seitdem viele Menschen kennengelernt und dabei erfahren, daß Freundschaften aus der Jugendzeit nicht durch spätere Bekanntschaften aufzuwiegen sind. Die beiderseitigen Stärken und Schwächen waren hinreichend bekannt, so daß man sich ganz ungezwungen geben konnte. Schon der Versuch, einander etwas vorzumachen, wäre einem unwürdigen Vertrauensbruch gleichgekommen. Viel zu selten waren die Gelegenheiten, einen Abend mit einem alten Freund zu verbringen.

Hans Michel war trotz seiner ausgesprochen lockeren Art und eines Mutterwitzes, den man einfach besitzen mußte und sich nicht aneignen konnte, nie das gewesen, was man als einen Frauenheld bezeichnen würde. Trotz seiner schlanken, drahtigen Figur wirkte er schon auf den ersten Blick ganz und gar unsportlich. Vielleicht hing das mit der starken Kurzsichtigkeit zusammen, unter der er seit Kindheitstagen litt. Den etwas vorgekrümmten Brustkorb kompensierte er gewöhnlich durch eine besonders aufrechte Kopfhaltung. Von den leicht nach vorn geneigten Schultern hingen zwei dünne und über die Maßen lange Arme herab. Das alles verlieh ihm eine spontane Liebenswürdigkeit und bewirkte sogar eine gewisse Scheu, seine mitunter recht massiven verbalen Attacken auch nur annähernd so scharf zu erwidern. Irgendwie wirkte Michel bei all der konzentrierten Klugheit, die sein fein geschnittener Kopf ausstrahlte, seltsam zerbrechlich.

Es war eigentlich schade, daß er Junggeselle geblieben war, denn er wäre gewiß ein fürsorglicher Ehemann und Vater geworden. Dies war wohl immer noch einer seiner wunden Punkte. Während der Studienzeit hatte er eine Verlobte gehabt, die aber bei einem Verkehrsunfall mit dem Moped ums Leben kam. Er sprach zwar schon seit vielen Jahren kein Wort mehr von ihr, aber gerade dies bestärkte den Eindruck, daß er den Verlust noch immer nicht überwunden hatte.

Beide freuten sich auf den Abend. Es gab so manche Neuigkeit zu erzählen, zum Beispiel über frühere Studienkollegen, die der eine oder andere in der letzten Zeit getroffen hatte. Außerdem war in dieser Fusionsgeschichte noch einiges zu besprechen und zu regeln.

Als Aperitif gönnte man sich einen Single Malt, einen siebzehn Jahre alten Glengoyne, den Michel direkt aus der schottischen Distillery am Fuße des Dumgoyne Hill mitgebracht hatte. Vorbei war die Zeit, als es auch ein billiger Whisky aus dem Supermarkt sein durfte.

Seine nicht allzu große Altbauwohnung hatte Michel nach und nach mit überwiegend englischen Antiquitäten stilvoll möbliert. Im Laufe seiner Junggesellenjahre war aus ihm ein passionierter Hobbykoch geworden, ein Umstand, der ihn über mangelnde gesellschaftliche Kontakte nicht klagen ließ.

Kaum hatten sie ihr Whiskyglas in der Hand, rückte Hans mit einer der so ganz und gar verrückten Ideen heraus, auf die nur er kommen konnte.

„Sag mal, wie gut kennst du Rosenstock – so als Mensch, meine ich, hat er Humor?“ fragte er ein wenig listig.

„Nun, wie man sich halt so kennt, wenn man sich zwei-, dreimal im Jahr auf Kongressen und Symposien begegnet und gemeinsame wissenschaftliche Interessen verfolgt. Ob er Humor hat? Ja, wer so begeistert Rotwein trinkt wie er, so ein Sanguiniker, der hat natürlich auch Humor. Nein, der hat nicht nur die Wissenschaft im Kopf. Mit dem kannst du dich stundenlang über alles mögliche unterhalten. Ich erinnere mich noch sehr gut: Es war vor ein paar Jahren in Stockholm. Wir hielten beide Vorlesungen in einem Kurs an der Schwedischen Akademie für Ingenieurwissenschaften und verbrachten den Abend mit einigen Kollegen in einem netten Kellerlokal am Hafen. Rosenstock hat uns den halben Abend mit einem Detailwissen über die europäischen Fürstenhäuser beeindruckt, das schon imponierend war – kein simpel angelesenes biographisches Faktenwissen. Ihn faszinierten all jene besonders, denen er ein ausgeprägtes Machtbewußtsein bescheinigen konnte. Ganze politische Strategien dieser Männer konnte er mit einer Plausibilität nachvollziehen, daß wir nur so staunten. Auf unsere Frage, woher er all das wüßte, gab er nur lächelnd zur Antwort, er wäre eben auch ganz gern Historiker geworden. Beiläufig wies er noch darauf hin, daß dies wirklich nichts Besonderes sei: Von einer ganzen Reihe Naturwissenschaftler, auch bedeutenden Leuten, wüßte man, daß sie eigentlich Historiker hätten werden wollen."

Aus Michels Gesicht war während dieser Erklärung die Spannung gewichen und hatte einem Ausdruck der Befriedigung Platz gemacht, wie man ihn bei Lehrern beobachten kann, wenn ein Schüler nach dreimal umformulierter Frage endlich zu begreifen scheint. Um seinen Freund, dessen Ahnungslosigkeit ihn amüsierte, noch ein wenig auf die Folter zu spannen, bat er zu Tisch und begab sich in die Küche, um als Vorspeise Melonenkügelchen in Portwein mit Schinken zu servieren.

„Hör mal, das gefällt mir aber ganz ausgezeichnet", ließ sich Hans dann endlich vernehmen, setzte eine demonstrativ wissende Mine auf und spießte mit der Gabel ein Melonenkügelchen an.

„Würdest du mir vielleicht erklären, worauf du hinauswillst?"

„Nur Geduld. Zuvor wollen wir einen Schluck dieses Thüngersheimer Ravensburg genießen, wenn wir es schon mit einem Sanguiniker zu tun haben. Auf dein Wohl und die Lösung des Rätsels!"

Lösung des Rätsels? Damit konnten die abgeschlossenen Versuche, aber auch das Ergebnis seiner merkwürdigen Nachforschungen gemeint sein. Stefan blieb hartnäckig: „Zum Wohl! Aber nun verrate mir endlich, warum dich der Humor von Rosenstock so interessiert."

„Überleg doch mal. Der Mann ist pensioniert, hat als Wissenschaftler nichts mehr zu verlieren. Einen ausgeprägten Sinn für die Weltgeschichte und damit wohl auch ein Gespür für die tiefen Sehnsüchte des Menschen hat er ebenfalls. Unterstellen wir einmal, da will sich jemand einen wirklich machiavellistischen Spaß erlauben. Er will etwas Erfundenes in die Welt setzten. Aber es müßte schon etwas sein, daß jeden Menschen nachhaltig und tief beeindruckt. Etwas, das so viel

Staub aufwirbelt und so gewaltige Hoffnungen weckt, daß es für immer in die Weltgeschichte eingeht, auch wenn es sich am Ende nur als Fata Morgana erweist. Was könnte einem zu diesem Zwecke schon einfallen? Eine neue Solarzelle? Beeindruckt niemanden, wartet jeder schon lange drauf. Ein neues Medikament gegen Aids? Wie viele Menschen haben Aids auf der Welt? Zu viele, aber dafür entschieden zu wenige. Ein neues Heilmittel für Krebs? Hat es schon zu oft gegeben, nimmt keiner mehr wirklich ernst.

Wenn du ein bißchen nachdenkst, wirst du erkennen, daß es wirklich nicht ganz trivial ist, sich etwas einfallen zu lassen, das mit Sicherheit die ganze Welt in hellen Aufruhr versetzen wird. Und nun betrachte einmal aus dieser Perspektive diese famose Fusion! Es gibt kaum einen Menschen auf der Welt, der noch nichts davon gehört hat, daß unsere Energiequellen erstens begrenzt sind und zweitens ihre Nutzung unsere Umwelt gefährdet. Da kommt plötzlich einer daher, hält ein Gläschen mit ein paar Drähten vor die Fernsehkamera und erklärt verständlich und überzeugend, daß dies eine neue nahezu unerschöpfliche Energiequelle sei, im übrigen auch noch ganz und gar ungefährlich, weil völlig strahlungsfrei.

Ja, so einen wird man doch feiern wie einen Gott! Und selbst wenn sich herausstellt, daß es leider doch nicht funktioniert, wird man höchstens Mitleid haben mit diesem so liebevollen Gott, der es doch so unendlich gut gemeint hat mit all uns armen Menschen.

Den aber, der herausgefunden hat, daß das Ganze leider nur ein Phantom war, den wird man im Innersten seines Herzens verachten – so, wie ein Kind jemanden haßt, der ihm sein Lieblingsspielzeug kaputtgemacht hat."

Stefan Trosa war ganz erschlagen von dieser sozialpsychologischen Theorie. Was konnte er dagegenhalten? Eigentlich nichts.

Dennoch sagte er zaghaft: „Ich glaube, du bist da etwas zu weit gegangen. Ich kann das natürlich niemals widerlegen, aber ich kann es mir einfach nicht vorstellen. Das heißt, vorstellen kann ich es mir schon, aber ich traue es dem Werner nicht zu. So einer ist das nicht. Nein, da glaube ich schon eher an meine einfachere Theorie, daß ihn die Gier nach dem Nobelpreis in bedauerlicher Weise mit Blindheit geschlagen hat."

„Sei es, wie es sei. Ich bestehe ja nicht auf meiner Theorie. Ich sage nur, daß es auch so sein könnte. Was immer die Wahrheit ist, Stefan, wir müssen damit rechnen, daß dieser Mann, vielleicht nicht für uns paar Wissenschaftler, aber für den ganzen Rest der Menschheit, schon so fest auf seinem Sockel steht, daß wir ihn da nicht mehr herunterholen können. Wenn wir es klug anstellen, wird es uns vielleicht gelingen, ein paar Nebelschwaden vor das Denkmal zu ziehen, mehr aber nicht."

Stefan hatte genügend Zeit, darüber nachzudenken, während sein Freund in der Küche die legierte Suppe mit Brunnenkresse kurz aufwärmte, und mußte ihm recht geben. Hatte er nicht selbst in Gedanken Rosenstock schon mit Prometheus verglichen?

Den Hauptgang, Kalbsmedaillons mit Pfifferlingen, Broccoli und gratinierten Kartöffelchen, nutzten sie, um Einzelheiten der Veröffentlichung zu verabreden, die sie in den nächsten Tagen schreiben wollten. Hans würde die radiochemischen Ergebnisse zusammenstellen und zu Stefan nach Karlsruhe schicken, der dann alles in eine Arbeit zusammenfassen sollte. In ein paar Tagen wollte man sich erneut in Berlin treffen und das Manuskript gemeinsam überarbeiten, um es dann bei der gleichen Zeitschrift einzureichen, in der in zwei Wochen, also viel schneller als sonst bei Veröffentlichungen in Fachzeitschriften üblich, die Rosenstocksche Arbeit erscheinen sollte. Stefan kannte den Herausgeber recht gut und wollte auf diesem Wege erreichen, daß auch ihre Arbeit im Redaktionsplan nach vorn gezogen würde.

Sie waren sich auch einig, daß sie nicht behaupten würden, es gäbe diese Art von Kernfusion nicht. Sie wollten auch nicht nur einfach feststellen, daß sie die Versuche wiederholt hätten, die Ergebnisse von Rosenstock und Cox aber nicht bestätigen konnten. Nein, ihre Strategie wäre eine ganz andere: Sie würden Punkt für Punkt darlegen, daß sie mit ihren Messungen die Rosenstockschen Ergebnisse im Prinzip bestätigten konnten, dann aber nachweisen, daß jedes dieser Meßergebnisse auch ohne die Annahme einer Kernfusion erklärbar war. Nur damit würde allen bisher vorgebrachten Argumenten für eine Kernfusion jeglicher Boden entzogen. Es war übrigens auch die einzige wissenschaftlich redliche Vorgehensweise.

In den vergangenen Tagen waren immer wieder Pressemeldungen von anderen Forschergruppen erschienen, die zum Teil die Fusion bestätigt haben wollten. Andere wiederum ließen verlauten, sie hätten die Experimente wiederholt, ohne auch nur die geringsten Anzeichen einer Fusion beobachtet zu haben. Es schien allmählich in Mode zu kommen, wissenschaftliche Ergebnisse noch vor einer offiziellen Publikation in einer Fachzeitschrift ein paar Journalisten zu erzählen. Mit seriösem Verhalten hatte dies nichts mehr zu tun.

Es gehört zu den ungeschriebenen, aber äußerst vernünftigen Spielregeln der Wissenschaft, daß jedes neue Ergebnis einer soliden Fachzeitschrift zur Veröffentlichung vorgelegt wird. Diese druckt nun keineswegs sofort den betreffenden Artikel, sondern schickt das Manuskript zunächst mindestens einem, in der Regel sogar mehreren Fachkollegen mit der Bitte um ein anonym bleibendes Gutachten: Der Autor erfährt nicht, wer seine Arbeit bewertet hat, und im Falle mehrerer Gutachter weiß keiner von ihnen, wer die jeweils anderen sind. Jeder soll vollkommen unabhängig sein Urteil abgeben. Dabei kommt es häufig vor, daß Gutachter Nachbesserungen fordern, die dem Autor von der Redaktion mitgeteilt werden. Nicht selten lehnen die Gutachter eine Veröffentlichung sogar ganz ab. Da die meisten Gutachter für mehrere Zeitschriften tätig sind, kommt es fast nie vor, daß ein Autor einer abgelehnten Arbeit sein Glück bei einer anderen Zeitschrift mit demselben Text versucht. Dieses ausgefeilte Qualitätssicherungssystem verhindert recht wirksam, daß die Fachliteratur mit unseriösen Ergebnissen überschwemmt wird. All diese Schutz- und Kontrollmechanismen wurden durch die neue Praxis, Forschungsergebnisse per Pressemitteilung zu verkünden, auf unvertretbare Weise unterwandert.

Die Frage, wie man sich im vorliegenden Fall der Presse gegenüber verhalten sollte, mußte also sehr sorgfältig abgewogen werden. Die althergebrachten Regeln hätten klar dafür gesprochen, die Presse zu ignorieren. Nun war das Thema aber bereits in der Öffentlichkeit, und das Bild von der Sache wurde immer kontroverser und unübersichtlicher. Mit jedem Tag, der verging, konnte es nur schlimmer werden. Ja, in der Öffentlichkeit mußte geradezu der Eindruck entstehen, daß die Wissenschaftler selbst nicht mehr recht wußten, was richtig oder falsch war. Durfte man den Schaden, der der Wissenschaft damit insgesamt zugefügt wurde, unter dem Deckmantel wissenschaftlicher Lauterkeit tatenlos hinnehmen?

Es war Stefan Trosa, dessen Argumente diesmal Hans Michel überzeugten, daß in ihrem Fall eine Pressekonferenz keinen Verstoß gegen die Gesetze der eigenen Zunft bedeutete, sondern daß sie zur Ehrenrettung sogar notwendig war. Hans versprach, sich mit der Pressestelle der Universität in Verbindung zu setzen, denn man wollte die Pressekonferenz in Berlin abhalten, wo die Experimente durchgeführt worden waren.

Als dies geklärt war, kam Stefan spontan die Idee, nun seinerseits dem Freunde zu zeigen, daß auch er zu ganz und gar unwissenschaftlichen Spekulationen fähig war: „Ich habe beruhigt zur Kenntnis genommen, daß du nicht starrsinnig auf deiner Theorie beharrst, Rosenstock habe dies alles bewußt erfunden, um sich seine Unsterblichkeit zu sichern."

„Warum sprichst du gleich von Starrsinn? Ich möchte diese Möglichkeit aber auch keineswegs ausschließen. Die Geschichte ist voll von Beispielen, die zeigen, daß vielen Irrtümern zwar nicht das ewige Leben, aber doch eine bleibende Erinnerung beschieden ist. Jedes Schulkind lernt heute, daß das ptolemäische Weltbild falsch war, und dennoch kennen es fast alle. Oder nimm Kolumbus: Auch er verdankt seinen Ruhm streng genommen einem Irrtum. Ja, noch heute bezeichnen wir den größten Teil der Chemie des Kohlenstoffs als Organische Chemie, obwohl wir seit Wöhler wissen, daß diese Verbindungen keineswegs nur in der Natur entstehen, sondern daß sogar die meisten heute bekannten organischen Verbindungen niemals von einem Lebewesen – den Menschen mit seinen Labors ausgenommen – synthetisiert worden sind. Für einen Wissenschaftshistoriker wäre es eine lohnende Aufgabe, systemtisch nach Beispielen zu suchen, die die Unsterblichkeit des Irrtums belegen."

„Kolumbus gefällt mir in der Tat am besten, weil ihm sein Irrtum zu Reichtum und Ehren verholfen hat."

Nun war es Stefan gelungen, den Freund zu verblüffen, und Hans schien ratlos: „Was willst du damit sagen?"

„Vielleicht wird der Werner durch diese Geschichte doch noch steinreich?" spann Stefan seinen Faden weiter.

„Dies ist ja fast gleichsam eine persönliche Beleidigung, die nur dadurch gemildert wird, daß du offenbar nicht nur an mir, sondern de facto auch an deinem eigenen Verstande zweifelst. Du wirst doch die Überzeugungskraft unserer Ergebnisse nicht so weit in Frage stellen wollen, daß du ernsthaft glaubst, irgendeine Firma der Welt wäre jetzt noch bereit, dem Rosenstock für seine schlampige Arbeit einen Batzen Geld zu zahlen?"

Hans Michel hatte sich dabei so sehr erregt, daß es Stefan nun als Genugtuung empfand, dessen Gedanken in die vollkommen falsche Richtung gelenkt zu haben. „Es ist schon höchst amüsant zu beobachten, wie sehr die Eitelkeit eines Menschen seine Denkfähigkeit beeinträchtigen kann", konterte er seelenruhig.

„Würdest du vielleicht so nett sein, statt diffamierende Unflätigkeiten von dir zu geben, mich wissen zu lassen, welcher Geistesblitz deines hoffentlich noch intakten Hirnes dem Rosenstock zu Reichtum verhelfen soll?"

„Du liest wohl nicht sehr aufmerksam Zeitung?"

„Nun lenke nicht schon wieder ab, komm zur Sache!"

„Nichts liegt mir ferner!" beteuerte Stefan scheinheilig. „Im Flugzeug habe ich einen Blick auf die Börsenkurse geworfen, wo auch die Preise für Edelmetalle verzeichnet sind. Du mußt dich ja dafür nicht interessieren, denn bis jetzt haben wir ausschließlich mit Palladium gearbeitet, das ich aus meinen knapp bemessenen Forschungsgeldern bezahlt habe."

Da Hans noch immer kein Zeichen von Verständnis erkennen ließ, fuhr Stefan fort: „Nun, seit den ersten Nachrichten über diese neue Fusionsenergie sind – wie nicht anders zu erwarten – die Palladiumpreise wie eine Fieberkurve um bisher 65 Prozent gestiegen – Tendenz anhaltend."

Fast feierlich fügte Stefan nach einer wirkungsvollen Pause hinzu: „Wie kommt man innerhalb weniger Tage todsicher an ein beträchtliches Vermögen? Wohl jeder vernünftige Mensch hat sich irgendwann einmal diese Frage gestellt, in aller Regel erfolglos. Und ich sage dir, Werner Rosenstock hat eine der wohl sichersten und originellsten Lösungen der gesamten Finanzgeschichte für eine nachhaltige Wahrung der Lebensqualität gefunden. Stell dir vor, er hätte sich ein paar Millionen geliehen, davon Palladium gekauft und dann geschickt und öffentlichkeitswirksam seine Fusionsstory auf einer Pressekonferenz verkündet. Nun liest er seelenruhig ein paar Tage die Zeitung und verkauft das Palladium, wenn sich der Preis verdoppelt hat."

„Nicht übel, nein, wirklich geradezu genial, so genial, daß ich mich frage, warum mir das nicht selber eingefallen ist." Hans war beeindruckt. Sein Spieltrieb gebot ihm aber, wenigstens den Versuch zu unternehmen, Stefan den Sieg doch noch streitig zu machen: „Nur wirst du zugeben müssen, daß die Sache dennoch einen kleinen Haken hat. Nicht, daß der Glengoyne für dich zu schade gewesen ist – aber ich behaupte, daß er dich doch erkennbar benebelt hat, denn keine Bank der Welt wird auch nur im Traum bereit sein, einem armen, gebeutelten, pensionierten englischen Professor ein paar Millionen für den Kauf von Palladium zu leihen."

Was als schlagendes Argument gedacht war, konnte Stefan nicht erschüttern: „Einen seriösen und kreditwürdigen Strohmann oder Partner, der routinemäßig mit Edelmetallen spekuliert, findet einer wie Rosenstock allemal mit Leichtigkeit." Diese Runde ging an ihn.

Nach dem Dessert, das aus Beerenfrüchten mit Vanilleeis bestand, bat Hans noch einmal in die Sessel seines Arbeitszimmers und zog als stiller Verehrer des Pinot Noir angesichts der wohl historischen Stunde, wie er sich ausdrückte, einen 70er Chambertin-Clos-de-Beze auf – einen feurigen und doch sanft betörenden Tropfen, der sich mit Worten kaum beschreiben läßt. Stefan kannte seinen Freund gut genug, um zu ahnen, daß dieser noch etwas Besonderes im Schilde führte. Er mußte diesmal nicht ganz so viel Geduld aufbringen, bis Hans zur Sache kam: „Stefan, einmal abgesehen von unseren motivationspsychologischen Übungen haben wir heute abend, wie ich meine, eine ganze Reihe durchaus vernünftiger Beschlüsse gefaßt. Sie sind alle bestens geeignet, uns beide als perfekte Sittenpolizei der Wissenschaft erscheinen zu lassen. Nur frage ich dich ganz im Vertrauen: Wer erfreut sich auf dieser Welt der größeren Beliebtheit? Don Juan oder die Sittenpolizei?“

„Du kannst Fragen stellen! Ich gestehe, du überforderst abermals mein kognitives Assoziationsvermögen“, gab Stefan, Resignation heuchelnd, zu. Wenn er heute abend schon zum zweiten Mal seine Begriffsstutzigkeit bekennen mußte, so wollte er dabei wenigstens eine gewisse intellektuelle Eleganz an den Tag legen.

„Das ist ganz einfach. Mir geht dein Derjagin mit seinem Lithiumdeuterid nicht aus dem Sinn. Es könnte doch sein, daß eine Kernfusion im Palladium trotz allem möglich ist. Dein Rosenstock war vielleicht nur nicht gut genug, die im Prinzip richtige Idee auch tatsächlich zu verwirklichen. Nun stell dir vor, in einem halben Jahr kommt so ein junger Bursche, sagen wir, dein Jürgen Maas, daher und zeigt uns knallhart, wie man die Sache wirklich machen muß. Wie stehen wir dann da?“

„Ist das nicht blanke Spekulation? Ich war bis eben der Meinung, Spekulation sei in unseren Kreisen fast etwas Unsittliches.“

Plötzlich machte sich in Michels Gesicht ein Grinsen breit, das Trosa an seinem Freund in dieser Form schon lange nicht mehr gesehen hatte: „Habe ich dir nicht deshalb schon gleichsam als Einleitung versucht, den Don Juan etwas schmackhaft zu machen?“

Stefan gab sich geschlagen: „Also, unberechenbar wirst du wohl immer bleiben, aber ich gebe dir natürlich recht. Wir müssen weitermachen! Ganz klammheimlich natürlich, nicht so publikumswirksam wie dein Don Juan.

Ich habe ein paar fast vergessene Arbeiten vom alten Zwick in Erinnerung, der beschrieb, daß Lithium mit Wasserstoff in das Palladiumgitter eindringt. Die werde ich mal wieder raussuchen. Dann hätten wir im Palladium so etwas wie Lithiumdeuterid. Im Zuge der eintretenden Wasserstoffversprödung kommt es dann zu kräftigen Rissen im Metall. Das ist fast die gleiche Situation, wie sie Derjagin durch seine Projektile herbeigeführt hat. Nur wir machen das auf die friedliche Tour!

Bei mir im Institut haben wir eine ganz ausgefeilte Anlage, die Schallemissionsanalyse. Die bringen wir zu dir nach Berlin. Und du besorgst den empfindlichsten Neutronendetektor, den du auftreiben kannst. Wenn sich im Palladium Risse bilden, kracht es nämlich, und mein Gerät kann das hören. Genau dann müßte aber diese verdammte Fusion stattfinden. Wenn wir nun meine Schallsignale mit deinen Neutronenimpulsen korrelieren, denn beide Signale müßten zeitlich zusammenfallen, dann sind wir all die lästigen Untergrundprobleme los, und unsere Nachweisschwelle muß geradezu gigantisch absinken. Wenn wir dann immer noch nichts sehen, dann gibt es diese komische Fusion tatsächlich nicht. Aber ich hoffe wieder, es gibt sie doch! Junge, dein erlesener Wein ist mit seiner inspirativen Kraft ein überzeugender Beleg für die Geistigkeit, die solch edlem Trunk gemeinhin nachgesagt wird. Den sollten wir öfter mal trinken!"

„Na, siehst du, nun bist du wieder der Alte und gefällst mir. Wir werden uns doch nicht von ein paar verpfuschten Rosenstockschen Experimenten ins Boxhorn jagen lassen. Ich hatte wirklich keine konkrete Vorstellung, wie wir weitermachen sollten. Ich wußte nur, daß wir weitermachen müssen. In ein paar Minuten hast du mir aber eine Menge netter und erfolgversprechender Dinge beigebracht, von denen ich bisher keine Ahnung hatte. Das bringt mein altes Hirn gleichsam in Schwung! Deshalb will auch ich noch eins draufsetzen: Wenn das alles nicht helfen sollte, denn werde ich unserem ehrwürdigen schweren Wasser noch einen kräftigen Schluck Tritiumwasser spendieren. Das wird ihm Dampf machen, denn das erhöht noch einmal kräftig die Fusionswahrscheinlichkeit!"

Mit diesen Vorsätzen ließen die beiden Freunde den sehr gelungenen Abend langsam ausklingen. Am nächsten Morgen informierten sie

Jürgen Maas von ihren nächtlichen Beschlüssen, verpflichteten ihn aber zu strengstem Stillschweigen.

VI

Im Flugzeug schaute Trosa als erstes in das Fach mit den Zeitschriften und wurde mit einer „Time“ fündig. Das Titelblatt zeigte in einem Fotokasten Werner Rosenstock und Derek Cox vor den Apparaturen in ihrem Labor. Der Hintergrund bestand aus einer innen weiß und am Rande rot glühenden Sonne. Vor ihr und dem nachtblauen Himmel war eine Phantomzeichnung der Elektrolysezelle zu sehen, die der Grafiker offensichtlich nach Angaben der beiden Forscher angefertigt hatte. Vielleicht hatte man ihm sogar eine Originalzelle gezeigt. Das war wirklich die Höhe! In dem wissenschaftlichen Manuskript hatte er vergeblich nach einer Skizze der Zelle gesucht. Jetzt mußte man sich entscheidende Informationen schon vom Titelblatt eines Nachrichtenmagazins holen! Der Sittenverfall schien nicht mehr aufzuhalten.

Auf den ersten Blick sah Trosa, was er schon vermutet hatte. Es handelte sich tatsächlich um eine ungeteilte rohrförmige Zelle. Im Zentrum befand sich an einem durch den Deckel geführten Draht die stabförmige Palladiumelektrode. Die zweite Elektrode war eine Drahtwendel wie in einer alten Glühlampe, die sich in geringem Abstand um den inneren Elektrodenstab legte.

Normalerweise trennt man in solchen Zellen die beiden Elektroden durch eine Membran, um zu verhindern, daß sich die beiden entstehenden Gase, Wasserstoff und Sauerstoff, vermischen. Das Gemisch beider, das sich in der Rosenstockschen Zelle über dem Wasserspiegel befand, ist unter der beziehungsreichen Bezeichnung *Knallgas* jedem Schulkind ein Begriff: Die kleinste Zündquelle reicht aus, um es zur Explosion zu bringen. Die bei der Verbrennung von reinem Wasserstoff und Sauerstoff entstehende Energie ist so gewaltig, daß man diese Stoffe benutzt, um Raketen auf den Mond zu schießen.

Welcher Teufel mußte Rosenstock geritten haben, daß er eine derartig idiotische Konstruktion verwendete? Für Stefan war die Antwort klar: Nur in einem solch abwegigen Gerät konnte man diesen fragwürdigen

Wärmeüberschuß beobachten. Er war nun absolut sicher, mit seinen Überlegungen zur Erklärung der Wärmeentwicklung ins Schwarze getroffen zu haben.

Allzu gern hätte er noch gewußt, ob die Drähte, an denen die Elektroden hingen, von dünnen Glasröhrchen umgeben waren. Diese Feinheit konnte man der Zeichnung jedoch beim besten Willen nicht entnehmen.

Der eher skeptisch klingende Artikel im Inneren der Zeitschrift bot keine weiteren Neuigkeiten. Ein Magazin wie die „Time" hatte natürlich gut gepflegte Verbindungen zu allen großen Forschungszentren und bedeutenden Universitäten der Staaten. Was man dort von zwei Chemikern hielt, die mit ein paar hundert Dollar aus ihrer Privatkasse über Nacht Hunderte von Millionen teure Forschungsmaschinen zu Investitionsruinen erklären wollten, konnte man sich leicht denken.

Stefan Trosa freute sich auf den bevorstehenden Abend, den er endlich wieder einmal mit der Familie verbringen konnte, und fiel für die verbleibenden 35 Minuten Flugzeit in einen kurzen, aber tiefen Schlaf. Die vergangenen Nächte waren nicht lang gewesen. Stefan konnte in nahezu allen Lebenslagen sofort und fest schlafen – eine für seinen arbeitsreichen Alltag sehr nützliche Fähigkeit.

Zu Hause fühlte Stefan gleich die interessierte Spannung, und Julius nutzte sofort die Gunst der Stunde.

„Papa, du willst uns doch sicher erzählen, was du in Berlin gemacht hast. Damit Mama in der Küche keine Arbeit hat, könnte ich doch den Pizzaservice anrufen?" schlug er mit scheinheiliger Uneigennützigkeit vor.

„Für mich aber bitte Carbonara", rief Sabine dazwischen, „ich mag diese Tomaten nicht!"

Die Telefonnummer des Italieners hatte Julius in der Minidatenbank seiner Armbanduhr gespeichert, die ihm Stefan aus Singapur mitgebracht hatte, so daß der Auftrag schnell erledigt war. Vom pädagogischen Wert dieses Geschenkes war Stefan nicht mehr ganz so überzeugt, seit er dahintergekommen war, daß Julius für eine Biologiearbeit auch den Aufbau der Gebisse verschiedener Säugetiere gespeichert hatte. Der Stolz des Vaters auf die Kreativität des Sohnes hatte jedoch am Ende über allzu strenge Erziehungsprinzipien gesiegt.

„Papa, hast du denn nun herausgefunden, wer recht hat, wie du in Wolkenstein gesagt hast?“ wollte Julius wissen.

„Nun ja, die Sache ist wirklich kompliziert, da können auch einmal Fehler vorkommen. Wir haben zumindest herausgefunden, daß Rosenstock in Texas einiges falsch gemacht hat. Mein deutscher Kollege Gerlach hat also recht behalten.“

Während sie auf den Pizzaboten warteten, erzählte Stefan in groben Zügen, wie sie in Berlin Schritt für Schritt die Experimente wiederholt und welche Schlußfolgerungen sie aus ihren Ergebnissen gezogen hatten. Seinen eigenen Fehler mit den Wärmebilanzen verschwieg er dabei nicht. Sabine konnte sich einen Kommentar nicht verkneifen:

„So ganz unfehlbar bist du wohl auch nicht, Papa?“

„Habe ich das jemals behauptet?“

„So direkt nicht, aber man spürt schon, daß es dir am liebsten ist, wenn du recht hast.“

Zum Glück klingelte es gerade, und alle waren einen Moment damit beschäftigt, Pizza und Spaghetti aus der Verpackung auf die Teller zu bugsieren.

„Hör mal“, schaltete sich Claudia ein, „Du wirst ja wohl bald veröffentlichen, daß ihr diese Fusion für einen Irrtum haltet. Deshalb sollte ich dir vielleicht erzählen, was heute in der Zeitung steht: Ein paar Forscher aus der DDR wollen die kalte Fusion bestätigt haben.“

„Das darf doch nicht wahr sein! Wo ist die Zeitung?“

„Ich habe sie dir auf den Couchtisch gelegt."

„Entschuldigt, ich weiß, vorbildliche Tischmanieren sind das nicht gerade, aber das muß ich gleich lesen." Stefan stand sofort auf. Als er die Zeitung beiseitelegte, hatten die Kinder ihre Teller schon leergegessen. Sein Interesse an der Pizza war in den Hintergrund getreten.

„Das muß ich morgen sofort Ken Mortimer am CERN in Genf faxen."

„Warum soll sich jemand in der Schweiz für die DDR interessieren?" wollte Claudia wissen.

„Nun, der Mortimer sammelt von Anfang an alle ihm zugänglichen Informationen und versieht sie mit teils sehr persönlich gefärbten Bemerkungen und Analysen, die er wie ein Reporter in regelmäßigen, sehr unterhaltsam und anregend zu lesenden Berichten zusammenstellt, von denen er mir schon einige geschickt hat. Er hat penibel alle Negativbefunde und Bestätigungen nach dem Bruttosozialprodukt des Ursprungslandes und nach der Größe der betreffenden Institute und Forschergruppen geordnet. Dies ergibt ein zunehmend deutlicher werdendes Bild. In großen Forschungszentren und reichen Ländern häufen sich die Negativmeldungen, während die Bestätigungen überwiegend aus armen Ländern und kleinen Instituten kommen. In den USA bildet sich ein klares Nord-Süd-Gefälle heraus. Seine Erklärungen für diese Beobachtungen erscheinen mir nicht ganz abwegig. An den irrsinnig teuren Forschungen und Entwicklungen zur thermonuklearen Fusion, die nun schon seit Jahrzehnten laufen, können sich naturgemäß nur die ganz großen Industrienationen beteiligen. Diese haben inzwischen horrende Summen investiert und immer wieder in allen Einzelheiten über die erzielten Fortschritte berichtet, so daß sich unter ihren Wissenschaftlern längst die Überzeugung gefestigt hat, daß diese Arbeiten eines Tages zum sicheren Erfolg führen werden. Ohne diesen festen Glauben der überwiegenden Mehrheit ihrer Wissenschaftler wäre es den Regierungen gar nicht möglich gewesen, über viele Jahre hinweg diese Forschungen zu finanzieren. Gemessen am Ideenreichtum der Wissenschaftler sind Forschungsgelder immer begrenzt. Dies führt zumindest in demokratischen Systemen zu einem permanenten Wettstreit, in dem jede Disziplin und jede Interessengruppe versucht, möglichst viel Geld in ihre Richtung zu lenken. Sobald das Erfolgspotential, insbesondere einer teuren Forschungsrichtung, fraglich erscheint, werden andere Forschergruppen trickreich und notfalls auch lautstark versuchen, die knapp bemessenen Mittel stärker auf ihre Themen zu konzentrieren. Für die USA unterstellt Mortimer dabei dem Norden eine höhere Loyalität gegenüber den forschungspolitischen Entscheidungen der Regierung als dem von Washington etwas weiter abgelegenen Süden."

„Soviel politischen Scharfsinn hätte ich euch Wissenschaftlern gar nicht zugetraut", staunte Claudia. „Ist das nicht ein bißchen konstruiert?"

„Nein, nein", beharrte Stefan, „ich finde diese Überlegungen sehr einleuchtend. Forschung kostet nun einmal viel Geld. Das Gleichgewicht zwischen den Interessen der Wissenschaft und dem Handlungsspielraum der Politik muß ständig neu austariert werden, wie Mortimer ganz richtig erkannt hat. Auch die Unterschiede zwischen den Reaktionen von Wissenschaftlern aus kleinen und großen Forschungseinrichtungen erklärt Mortimer sehr überzeugend mit einem nachvollziehbaren Sozialneid. Die kleinen Institute, dazu zähle ich natürlich auch unseres, haben es einfach schwerer, bei der Verteilung der Forschungsgelder nicht übersehen zu werden. So ist für viele die Aussicht darauf, mit einer gelungenen kalten Fusion die gewaltigen Etats der großen Forschungszentren in weiten Teilen als Fehlinvestitionen brandmarken zu können, eine fast unwiderstehliche Versuchung."

„Moment", mischte sich Sabine ein, „eben hast du gesagt, daß auch dein Institut zu den kleinen gehört. Wenn ich dich richtig verstanden habe, müßtest du dann doch für diese Fusion sein."

„Ja", gab Stefan zu, „da hast du schon recht. Wenn ich ehrlich bin, wäre es mir auch lieber gewesen, wir hätten diese Fusion bestätigen können. Dann hätte ich nämlich noch ein paar hübsche Patente angemeldet und einiges Geld verdient. Ich kann es nun aber nicht ändern, daß es anders gekommen ist."

„Patente?“ war Julius begeistert, „Papa, mit einer tollen Erfindung von dir könnte ich wirklich Eindruck machen!“

Jetzt, da alles gelaufen zu sein schien, erzählte Trosa doch noch von seinen Hoffnungen mit den metallischen Gläsern, die er den Kindern ursprünglich verheimlichen wollte, um sie nicht zu enttäuschen.

„Nun mußt du wohl auf eine andere Idee von mir warten“, tröstete er Julius. „Noch besser wäre es allerdings, du würdest selbst einmal etwas erfinden.

Doch zurück zu Mortimer. Eine andere seiner Analysen betrifft den Charakter der Tageszeitungen und die Natur der von ihnen verbreiteten Meldungen. Auch hier ergibt sich ein recht einleuchtendes Bild. Renommierte, seriöse Zeitungen, deren Leser sich überwiegend durch ein gewisses Bildungsniveau auszeichnen und die über eigene Wissenschaftsredakteure verfügen, die im Zweifelsfall vor einer Veröffentlichung bei bekannten Wissenschaftlern nachfragen, brachten bisher bevorzugt Negativmeldungen, während sich in der Boulevardpresse die Berichte über Bestätigungen häufen.“

„Schön, das mag ja alles so sein, aber was hältst du von dieser DDR-Bestätigung?“ kehrte Claudia zum Ausgangspunkt zurück.

„Nun, laut Mortimer verfolgen die ärmeren Länder, die sich ein eigenes Engagement in der teuren Fusionsforschung bisher nicht leisten konnten, diese eher mit einer gewissen Skepsis: Ein technischer und wirtschaftlicher Erfolg der neuen Technologie würde ihre Abhängigkeit von den führenden Industrieländern nur noch mehr verstärken. Um so willkommener ist ihnen deshalb der Gedanke, daß diese gänzlich neue, so bestechend einfache und preiswerte Form der Fusionsenergie eine schon verloren geglaubte Chancengleichheit wieder herstellen würde. Vor diesem Hintergrund besteht das besonders Pikante nun darin, daß sich die sonst so stolze DDR mit dieser Bestätigung wohl etwas unfreiwillig eher den armen Entwicklungsländern zugeordnet hat.“

„Hochmut kommt vor dem Fall“, warnte Claudia. „Hoffentlich hast du recht mit deiner Version. Natürlich wäre es mir lieber, wenn sich die Kommunisten mit ihrer Triumphmeldung blamiert hätten – und nicht du!"

„Ein Forschungsstreit zwischen DDR und BRD?" staunte Sabine. „So politisch ist das alles auf einmal..."

„Sag mal, wo hast du denn die Abkürzung 'BRD' her?" hakte Stefan, der Sabines Bemerkung nicht überhört hatte, sofort ein.

„Das sagen doch alle unsere Lehrer – ?"

„Das ist doch die Höhe! Diese Erfindung der SED-Bürokraten, die eine eingebildete Gleichberechtigung der DDR betonen sollte, hat schon Altbundeskanzler Schmidt durchschaut. Er hat ihre Verwendung bereits zu seiner Amtszeit im offiziellen Sprachgebrauch der Bundesrepublik untersagt – und nun verstoßen ausgerechnet die Lehrer dagegen!"

„Ach, Stefan, verunsichere doch die Kinder nicht... Sie sollten keinen unnötigen Streit mit den Lehrern anfangen, schließlich sitzen sie am kürzeren Hebel", schlichtete Claudia. „Sage mir lieber, ob du sicher sein kannst, daß die Ostdeutschen falsch liegen."

„Claudia, sei ganz unbesorgt. Die haben ein paar Neutronen, aber keine Überschußwärme gemessen. Professor Henning, den beteiligten Elektrochemiker, kenne ich von internationalen Tagungen recht gut. Er gehört zu den wenigen Ostdeutschen, die hin und wieder in den Westen reisen dürfen. Durch manch abendliches Gespräch mit ihm im kleinsten Kreise relativierten sich einige meiner Vorurteile und Klischees. Früher galt Henning als ziemlich linientreu, und politische Gespräche mit ihm waren wenig ergiebig, so daß man sie nach Möglichkeit vermied. Mit der Zeit änderte sich das jedoch. Immer öfter kam es vor, daß vorwiegend jüngere Kollegen aus seinem Umkreis einen Ausreiseantrag stellten. Ich war nicht wenig erstaunt, als mich Henning eines Tages sehr vertraulich fragte, ob ich einem solchen jungen Mann nicht behilflich sein könne, im Westen eine Stelle zu finden. Ich konnte tatsächlich helfen – dieses und manches andere Mal. Die Flüchtlinge erwiesen sich als sehr tüchtig, und keiner hat bisher

Anlaß gegeben, meine anfänglich nicht ganz zu verdrängende Befürchtung, der Genosse könne auf diesem Wege im Auftrag der Stasi Spione einschleusen, weiter zu nähren. Vor wenigen Monaten hat Ralf Henning in Schottland beim Whisky in der Hotelbar sogar darüber philosophiert, daß es für einen Wissenschaftler jenseits der Fünfzig wohl sehr schwer sei, im Westen einen neuen Start zu schaffen. Das sind schon sehr seltsame Sorgen für einen Mann seines Schlages! Wissenschaftlich genießt Henning einen recht guten Ruf. Die Tatsache, daß er keine Überschußwärme gefunden hat, freut mich – das heißt doch, daß wenigstens mein eigener Fachkollege zu keinem prinzipiell anderen Ergebnis als ich gelangt ist. Der beteiligte Radiochemiker ist dagegen keine sehr glückliche Wahl gewesen – im Gegensatz zu Henning gilt er als einer, der seine Karriere mehr dem Parteibuch verdankt."

Diese Erklärungen hatten Claudia beruhigt. Nachdem die Kinder zu Bett gegangen waren, legte Stefan seinen Arm um ihre Schultern und schlug vor, den Abend mit einem Glas Wein ausklingen zu lassen.

Im Institut informierte Trosa am nächsten Morgen zuerst die Mitarbeiter kurz und präzise vom Ausgang der Berliner Experimente, um dann unverzüglich mit der Arbeit an der Veröffentlichung zu beginnen. Dabei wurde er immer wieder durch Anrufe unterbrochen, und auch die Post brachte neue Nachrichten.

Fast fünfzig Leute sammelten weltweit jede Information zu diesem Thema, derer sie habhaft werden konnten, und schickten laufend Notizen in aller Herren Länder. Mehrere amerikanische Institute, Inder, Russen, Jugoslawen, Japaner, Italiener, Brasilianer und viele andere hatten die Experimente wiederholt oder eigene, oft recht abenteuerliche Untersuchungen angestellt. Die meisten hatten sich vergeblich bemüht – doch auch die Bestätigungen wurden immer zahlreicher.

Ein weltweites Fusionsfieber war ausgebrochen, das alle Symptome einer, wie Mortimer es nannte, pathologischen Wissenschaft aufwies.

Keine einzige Arbeit war jedoch bis jetzt bekannt geworden, die sich so konkret mit einer kritischen Analyse der von Rosenstock und Cox mitgeteilten Ergebnisse beschäftigt hätte wie die von Trosa, Michel und Maas durchgeführten Untersuchungen. Trosa wußte aber, daß sie sich mit der Veröffentlichung beeilen mußten. Es war nur eine Frage der Zeit, bis auch andere die Rosenstockschen Fehler entdeckt haben würden.

Als das Manuskript fertig war und Trosa schon an der Presseerklärung feilte, kam ein Brief von Trevor Wilson, einem befreundeten Kollegen aus einem englischen Kernforschungszentrum. Die Anrede „Dear Stefan" war, wie es sich für einen feinen Briten geziemte, von Hand geschrieben. Dann hieß es:

„Da Du mir mitgeteilt hast, daß Du die Experimente von Werner Rosenstock überprüfen willst, muß ich Dir etwas gestehen. Ich bin von Werner vor zwei Monaten streng vertraulich über seine Arbeiten informiert worden. Er bat mich darum, seine Versuche ebenfalls durchzuführen, weil ihm natürlich an einer unabhängigen Bestätigung außerordentlich gelegen ist.

Zu diesem Zweck hat er mir eine Zeichnung seiner Zelle gegeben, die ich Dir als Kopie beilege. Darin kann ich keinen Vertrauensbruch mehr erkennen, nachdem das Bild auf dem Titelblatt der „Time" abgedruckt war. Ich denke aber, daß es nützlich ist, wenn Du für Deine Versuche alle Details kennst. Auf die Ergebnisse bin ich sehr gespannt. Bitte informiere mich sofort.

Wir hatten mit Werner verabredet, daß er uns informieren würde, sobald er seine Veröffentlichung abgeschickt hätte. Wir sollten dann gleich in den nächsten Tagen unser bestätigendes Manuskript einreichen. Werner war in den letzten Wochen praktisch nicht zu erreichen und hat sich auch bei uns nicht wieder gemeldet. Dann erschien ohne Kommentar sein Manuskript, das Du inzwischen sicher kennst. Solltest Du es noch nicht haben, dann ruf mich bitte sofort an.

Werners Wunsch konnten wir bisher allerdings nicht entsprechen, denn bis heute haben wir kein einziges positives Ergebnis."

Dann wieder von Hand: „Best regards, Trevor."

Stefan war sprachlos. Werner wollte den Nobelpreis wohl innerhalb einer Woche erzwingen! Selbst die Zeit für die notwendige Überprüfung seiner Ergebnisse wollte er noch abkürzen.

Er legte das Blatt mit der Abbildung vor sich hin. Es war eine Handzeichnung; an der sorgfältigen Beschriftung aller Einzelteile erkannte er Werners Schrift. Sofort sah er, daß die Glasröhrchen um die Zuführungsdrähte fehlten. Also doch! Vom Draht führte ein dünner Strich bis neben die Zelle und dort stand geschrieben: *palladium wire, 1 mm diam.* Auch das noch! Werner muß wirklich verrückt geworden sein. Wenn er wenigstens Nickeldrähte benutzt hätte! Weshalb auch noch die spiralförmige Gegenelektrode aus Palladium bestand, war völlig schleierhaft.

Stefan griff zum Telefon und rief Michel an: „Hans, mit der Veröffentlichung haben wir nicht mehr Zeit bis übermorgen. Die Sache eilt. Ich faxe dir jetzt gleich das Manuskript. Lies es dir genau durch und ruf mich dann sofort zurück. In jedem Fall möchte ich die Arbeit heute noch abschicken."

Dann erzählte er ihm von Trevor Wilson und der Zeichnung. Es wurde vereinbart, dies der Presse gegenüber nicht zu erwähnen – es wäre nicht fair gewesen.

Eine knappe halbe Stunde später kam der Rückruf von Michel. Er hatte keinerlei Einwände, und Trosa ließ Frau Lohrbach das Manuskript unverzüglich per Einschreiben und Eilboten abschicken.

Danach rief er Trevor Wilson an. Nach ein paar kurzen Höflichkeitsfloskeln kam er zur Sache: „Trevor, sind deine Zuführungsdrähte wie üblich durch Glasröhrchen isoliert?"

„Natürlich, warum fragst du?"

„Weil die Röhrchen auf der Zeichnung von Werner Rosenstock fehlen!"

„Wirklich? Moment mal!“ Trevor holte sich die Zeichnung. „Tatsächlich, du hast recht. Auf diese Idee wäre ich nie gekommen! Deshalb ist es mir bis jetzt auch nicht aufgefallen.“

„Dann stell doch zwei oder drei deiner Zellen in einen Abzug – zur Sicherheit, falls eine explodiert –, entferne die Glasröhrchen, und laß sie laufen.“

Er erzählte Trevor von seiner Zusammenarbeit mit Michel und den Ergebnissen. Der war sehr beeindruckt, wie schnell sie gearbeitet hatten, und kommentierte scherzhaft: „Ja, ihr Deutschen mit eurer *efficiency*, man merkt immer wieder, daß euch die Beschaulichkeit einer Teerunde im Labor fehlt. Von Werner bin ich ohnehin enttäuscht. Ich verstehe nicht, daß er sich bis heute noch nicht gemeldet hat. Selbst wenn er von der Richtigkeit seiner Ergebnisse felsenfest überzeugt ist, sollte er an einer unabhängigen Bestätigung interessiert sein. Hast du vielleicht eine Erklärung?“

Trevor, dieser redliche Freund und Kollege, tat Stefan leid. Er hätte ihn nur allzu gern etwas getröstet. „Eigentlich nicht“, gestand er wahrheitsgemäß, „aber vielleicht interessiert sich Werner im Moment weniger für die wissenschaftliche Anerkennung seiner Arbeit als für ihre kommerzielle Verwertung.“

„Das könnte der Grund sein“, räumte Trevor ein, „für mich ist die Angelegenheit jedenfalls bis auf weiteres erledigt. Selbst die Veröffentlichung unserer schlichten Negativresultate halte ich für reizlos. Wen sollte es schon interessieren, daß man etwas Aussichtsloses versucht und dabei nichts erreicht hat! Das scheint bei eurer Arbeit ja anders zu sein. Ihr habt Werner wenigstens echte Fehler nachgewiesen.“

Zum Abschluß des Gespräches versprach Stefan noch, Trevor unverzüglich sein Manuskript zu faxen.

VII

„Mein Name ist Dagmar Domus, ich bin die Pressesprecherin der Universität“, stellte sie sich am Telefon artig und mit Schulmädchenstimme vor. „Professor Michel hat mich informiert, daß Sie eine Pressekonferenz planen. Ich werde Ihnen gern helfen. Haben Sie spezielle Wünsche, welche Journalisten wir unbedingt einladen sollten?“

Trosa hatte keine Wünsche. Er gab nicht jede Woche eine Pressekonferenz. Außerdem hatte er, wie die meisten seiner Kollegen, ohnehin keine übermäßig hohe Meinung von den Journalisten. Das sagte er aber der offensichtlich netten Dame am anderen Ende nicht. Wie alt sie wohl sein mochte?

„Herr Professor Trosa, haben Sie schon eine Presseerklärung vorbereitet?“

„Ja.“

„Könnte ich die bitte bald bekommen? Wir werden sie natürlich für Sie vervielfältigen. Außerdem würde ich mich gern vorher noch etwas ausführlicher mit Ihnen unterhalten.“

Trosa wollte gerade ein Verdacht kommen, als sie seine noch nicht einmal eingestandene, geschweige denn ausgesprochene Verärgerung schon besänftigte:

„Es ist nämlich so, daß häufig schon vor der Pressekonferenz Journalisten bei uns anrufen und dieses oder jenes fragen, bevor sie sich endgültig zu einer Teilnahme entschließen. Da möchte ich ja nichts Falsches erzählen. Deshalb muß ich mich ein wenig mit dem Thema beschäftigen. Das ist doch sicher auch in Ihrem Sinne?“

„Ja, natürlich“, gab er sehr freundlich zurück, insgeheim stolz darauf, daß er sie sofort durchschaut hatte. Die dachte doch nur, er sei ein vertrottelter Professor, der nur Fachausdrücke stottern kann, wenn er einem Journalisten gegenübersitzt. Da würde sie dann gern dezent und hilfreich moderieren. Na, der würde er es schon zeigen! Presseerklärung vervielfältigen? Nein, du schlaues Ding, du willst sie nur vorher in aller Ruhe *Korrektur* lesen und mir dann mehr oder weniger schonend beibringen, daß sie völlig umgeschrieben werden muß. Na, Mädchen, du sollst deinen Spaß haben, aber ich werde auch nicht zu kurz kommen.

„Gut, ich werde Ihnen den Text der Presseerklärung gleich faxen lassen.“

Dann verabredete er sich mit ihr für den Vormittag des Tages, an dem nachmittags die Pressekonferenz stattfinden sollte, im Café Kranzler. Mit Professor Michel hatte sie sich schon unterhalten; dessen Anwesenheit war also nicht erforderlich.

Wieso legst du eigentlich Wert darauf, fragte Stefan sich plötzlich, ihr zuerst allein zu begegnen? Hast du etwa Angst, sie könnte dich über den Tisch ziehen? Dabei möchtest du nicht auch noch Zeugen haben? Immerhin hast du ihren Absichten am Telefon nicht eine einzige Silbe entgegengesetzt. Wie willst du eigentlich deine Vorstellungen vom Ablauf der Pressekonferenz durchsetzten, wenn die auch noch gut aussieht?

Stefan war schon am Abend nach Berlin geflogen. Mit Hans war er noch einmal alle Folien durchgegangen, die sie für ihre Präsentation vor der Presse verwenden wollten. Trosa hatte sich damit viel Mühe gegeben. Sie sollten nichts ungebührlich vereinfachen und gleichzeitig klar und verständlich sein. Auch Hans fand, daß ihm dies recht gut gelungen war.

Am nächsten Morgen hatte er auf das Frühstück im Hotel verzichtet und fand sich statt dessen pünktlich um neun Uhr im *Kranzler* ein. Da man hier auch frühstücken konnte, war das Café trotz der frühen Stunde recht gut frequentiert.

War sie schon da? Er ging gemächlich zwischen den Tischen entlang und setzte dabei selbstbewußt sein professoral-seriöses Gesicht auf, das sich auch an der Grenze bei Zollkontrollen stets bewährt hatte, bis ihn tatsächlich eine deutlich jüngere Dame freundlich verhalten ansprach und fragte, ob er Professor Trosa sei.

Da erst fiel ihm auf, daß sie als Erkennungszeichen seine Presseerklärung vor sich auf dem Tisch liegen hatte.

Sofort ließ er sein Professorengesicht verschwinden und bemühte sich, ganz unschuldig strahlend wie ein netter Junge dreinzuschauen, während er sie für seine Verhältnisse schon fast außergewöhnlich charmant begrüßte. Dabei gewann er sofort den Eindruck, daß ihr dies nicht unangenehm war.

„Haben Sie schon gefrühstückt?" fragte er, nachdem er sich gesetzt hatte.

„Nein."

„Das trifft sich ja sehr gut. Dann darf ich Sie gewiß zum Frühstück einladen?"

„Gern."

Nachdem sie die Bestellung aufgegeben hatten, bemerkte sie lächelnd: „Sie sind ja wirklich ganz anders, als ich Sie mir vorgestellt habe. Noch als Sie das Café betraten, wirkten Sie viel verschlossener."

Nur mühsam beherrschte Trosa seinen Gesichtsausdruck, um seine Verblüffung zu verbergen. Mit dieser Frau mußte man ja extrem vorsichtig sein. Er beschloß, auf das Psychospiel einzugehen.

„Was glauben Sie? Wie bin ich wirklich? So wie beim Hereinkommen, oder so wie jetzt?"

„Ich möchte doch gern das letztere hoffen dürfen", parierte sie.

„Weil ich dann Ihren Wünschen gefügiger bin? ... bezüglich meines Auftretens zur Pressekonferenz", konterte er hintergründig.

Jetzt waren die Fronten schon klarer. Sie hatte zur Kenntnis genommen, daß sich auch Trosa einigermaßen im Terrain auskannte.

„Wir haben bisher nur einmal kurz miteinander telefoniert und begegnen uns jetzt zum ersten Mal. Warum müssen wir uns da gleich gegenseitig auf Schlagfertigkeit testen?“ fragte er einlenkend.

„Weil es Spaß macht und auch notwendig ist“, gab sie ganz unbefangen zurück. „Ich möchte für diese Pressekonferenz mit Ihnen zusammenarbeiten. Ein Thema wie dieses bekomme auch ich nicht alle Tage. Das ist aber nicht der Punkt. Wenn ich mit Ihnen zusammenarbeiten will, dann muß ich als erstes herausfinden, ob auch Sie das wollen. Da muß Vertrauen zwischen uns aufgebaut werden! Wenn morgen lauter Unsinn in den Zeitungen steht, dann werden Sie als erstes mir die Schuld geben und behaupten, ich habe die falschen Leute eingeladen. Die Überzeugungskraft Ihrer Argumente werden Sie zuletzt in Zweifel ziehen. Ich bin aber kein braves Opferlamm. Auch ich will, wie Sie, erfolgreich sein. Deshalb habe ich versucht, Ihre geistige, rhetorische und mimische Flexibilität ein wenig auf die Probe zu stellen.“

Schon wieder ganz versöhnlich, fügte sie hinzu: „Bis jetzt bin ich aber recht zufrieden mit Ihnen. So, und nun erzählen Sie mir doch mal die ganze Geschichte dieser Kernfusion und warum und wie Sie Ihre Experimente gemacht haben!“

Er begann mit der Nachricht im Fernsehen. Dann berichtete er wie ein Detektiv, wie sie Indiz für Indiz gesammelt hatten, bis sie sicher waren, daß die Rosenstockschen Ergebnisse auch ohne Kernfusion erklärt werden können. Er verschwieg nicht, wie oft sie ihre Meinung gewechselt und sich immer wieder an einen Hoffnungsschimmer geklammert hatten. Er ließ jedoch durchblicken, daß sie nun auch ein wenig stolz auf ihre Leistung waren.

Während seiner Erzählung betrachtete er Frau Domus immer wieder aufmerksam. Sie war eine gute und interessierte Zuhörerin, das spürte er. Was sie von den Einzelheiten hielt, insbesondere, ob es ihm gelang, sie zu überzeugen, das bemühte er sich vergeblich zu erkennen.

Ihr Äußeres war sehr gepflegt. Sie trug ein blaugraues Seidenkostüm mit einer zartgelben Bluse. Ihr regelmäßiges Gesicht wirkte offenherzig. Sie mochte etwa um die fünfunddreißig sein und strahlte eine unaufdringliche Vornehmheit aus, wie er sie bisher nur sehr selten erlebt hatte. Dunkelbraunes, mittellanges Haar umrahmte ihr Gesicht so überzeugend, daß man sie sich unmöglich mit einer anderen Frisur vorstellen konnte. Ihre schmalen Schultern dekorierte locker ein buntes Seidentuch. Stefan wäre nicht überrascht gewesen, wenn sie draußen ein Cabrio stehen gehabt hätte. Durch die großen braunen Augen wirkte ihr Gesicht noch zarter, was sie schutzbedürftiger wirken ließ, als es ihrer ansonsten selbstbewußten Ausstrahlung entsprach.

Als er seine Erzählung beendet hatte, stellte sie keine einzige wissenschaftliche Verständnisfrage. Entweder hatte sie das alles schon mit Hans Michel geklärt, oder es interessierte sie nicht.

„Es sieht so aus, als sei die Arbeit Ihres Freundes nicht ganz solide. Was treibt ihn Ihrer Meinung nach dazu, seinen Ruf so leichtfertig aufs Spiel zu setzen?"

Trosa setzte ihr seine Nobelpreistheorie auseinander, und sie schien ihr einzuleuchten.

„Ist Ihnen bekannt, daß parallel zu Rosenstock noch ein anderer Physiker in den USA diese Kernfusion entdeckt haben will? Zwischen beiden soll eine Absprache hinsichtlich des Publikationstermins bestanden haben, an die sich Rosenstock offenbar nicht gehalten hat, so daß der andere jetzt verständlicherweise verärgert ist."

„Ja, Sie meinen Dick Cones aus Chicago. Er hat ähnliche Versuche mit Titan gemacht, findet aber keinen Wärmeüberschuß, sondern lediglich Neutronen, die allerdings nur um den Faktor sechs über dem Nulleffekt liegen."

„Was heißt das?"

„Nun, Neutronen können Sie überall nachweisen, sie stammen aus der kosmischen Höhenstrahlung. Deren Intensität, also einfach deren

Menge, bezeichnen wir als Nulleffekt. Sechsmal so viele Neutronen, das ist schon etwas. Aber es liegt eben sehr dicht an der Grenze, die durch die starken statistischen Schwankungen der natürlichen Neutronenzahl gegeben ist. Das sind auch mal mehr und mal weniger."

„Und was ist mit der Absprache zwischen den beiden?"

„Dazu kann ich Ihnen leider nichts sagen. Cones kenne ich nicht, und Rosenstock habe ich seitdem nicht sprechen können."

„Sehr gut... Verzeihung, aber parallel zu unserer Unterhaltung versuche ich mir vorzustellen, wie Ihre Antworten auf die Journalisten wirken könnten. Dumm von mir, jetzt habe ich mich verraten, und Sie werden auf der Hut sein", sinnierte sie lächelnd.

Trosa war sich nicht bewußt, eigens darauf geachtet zu haben – aber er hatte dennoch registriert, daß sie einen Ehering trug. Das störte ihn keineswegs, im Gegenteil. Er fühlte sich glücklich verheiratet, und die Tatsache, daß auch sie dies zu sein schien, erleichterte es ihm sogar, ihr ein ganz unbefangenes Vertrauen entgegenzubringen. Merkwürdig, noch hatten sie überhaupt nichts wirklich Vertrauliches besprochen, und er kam auf solche Gedanken... Er mußte sich eingestehen, daß er sie recht sympathisch fand. Dies fiel ihm leichter, als er sich davon überzeugt hatte, daß alle Sicherungen intakt waren. Vermutlich hatte er deshalb auch den Ehering bemerkt.

Sie hatten das Essen beendet und tranken noch Kaffee. Er fragte sie, ob sie rauchen wolle, und bot ihr eine Zigarette an. Sie bestand darauf, ihre eigenen Mentholzigaretten rauchen zu dürfen. Er gab ihr Feuer. Für eine Millisekunde berührte dabei ihr kleiner Finger seine Hand. Erschrocken war er vor allem deshalb, weil er darüber so erschrocken war. Er mußte sich wirklich zusammenreißen. Er war mit diesem Wesen, das ihm ohnehin immer mehr wie aus einer anderen Welt vorkam, nicht zusammengetroffen, um einen Flirt anzufangen. Über solche Anfechtungen wähnte er sich erhaben.

Hinter solcher Gewißheit verbarg sich keineswegs ein Unfehlbarkeitsanspruch. Die Tatsache, daß er Claudia noch immer liebte, war vielleicht nicht die einzige Ursache dafür, daß seine Treue bisher nie ins Wanken geraten war. Nein, da gab es noch einen anderen Grund: Er kannte sich inzwischen gut genug, um zu wissen, daß die psychische Belastung eines erotischen Doppellebens mit Sicherheit seine wissenschaftliche Leistungsfähigkeit beeinträchtigt hätte. Sein Entschluß, dem beruflichen Erfolg Priorität vor der Befriedigung seiner männlichen Eitelkeit einzuräumen, lag so lange zurück, daß er unabänderlich schien. Zur Kompensation dieses Verzichts hatte er eine Fähigkeit zum intellektuell charmanten Umgang mit Frauen entwickelt, die Claudia noch heute manchmal in Erstaunen versetzte.

Frau Domus lehnte sich entspannt zurück und nahm den ersten Zug. Dann fragte sie ganz beiläufig: „Herr Professor Trosa, wollen Sie vielleicht als Verhinderer eines Nobelpreises in die Wissenschaftsgeschichte eingehen?“

„Was soll denn dieser Blödsinn?“ rutschte es ihm heraus.

„Sehen Sie“, sagte sie nun ganz im Tonfall einer Lehrerin, „jetzt ist es mir doch noch gelungen, Sie aus der Fassung zu bringen. Ich flehe Sie an, sagen Sie so etwas nicht heute nachmittag. Wenn Sie so einem Journalisten antworten, dann steht morgen in allen Zeitungen über den Berichten der Titel „Ehrgeizige deutsche Wissenschaftler versuchen, die Kernfusion zu widerlegen“, oder noch schlimmer „Auch in der Wissenschaft gibt es Neid und Intrigen“. Den Rest können Sie sich denken. Ihre Gegendarstellungen nimmt keiner zur Kenntnis, und Sie hätten auf Dauer einen Makel, von dem Sie sich nie wieder reinwaschen könnten.“

Sie hielt kurz inne und fügte schon fast liebevoll lächelnd hinzu: „Nun, da ich Sie kenne und Sie sogar ein bißchen mag, würde mir das sehr weh tun.“

Was für eine Frau, dachte Trosa. Plötzlich wußte er, daß Hans Michel vollkommen recht hatte. Werner Rosenstock stand tatsächlich schon auf einem Sockel, von dem ihn niemand mehr herunterholen konnte. Es war ein verdammt gefährliches Spiel, auf das sie sich da eingelassen hatten. Wenn sie großes Glück hatten, würden sie Respekt ernten, aber verehren würde sie niemand. Sie konnten jedoch auch viel verlieren. Das half aber nun alles nichts mehr: Das Manuskript war bei der Redaktion, und die Einladungen zur Pressekonferenz waren verteilt. Es gab kein Zurück – und Stefan Trosa wollte auch gar nicht mehr umkehren.

Plötzlich schoß ihm ein ungeheuerlicher Gedanke durch den Kopf: „Sagen Sie ehrlich, Frau Domus, haben Sie vielleicht deshalb vorhin beim Anzünden der Zigarette wie zufällig meine Hand berührt, damit Sie mir diese Lektion verpassen konnten?"

Sie wurde nicht einmal verlegen. Sein Scharfsinn gefiel ihr ganz offensichtlich, und sie bekannte: „Ja, richtig. Sie waren ja gewarnt und entsprechend vorsichtig. Aber irgendwann hätten Sie Ihre Sicherheit wiedergefunden, hätten sich für unfehlbar gehalten und wären leichtsinnig geworden. Das wollte ich mit allen Mitteln verhindern, und ich habe den Eindruck, daß es mir gelungen ist."

„Perfekt sogar!" gestand Trosa.

„Nicht böse sein! Gegen eine kleine Streicheleinheit ist doch nichts einzuwenden. Nur gegen den Hintergedanken, möglicherweise? Nach der Pressekonferenz, wenn alles gutgegangen ist, dann bekommen Sie vielleicht ein ganz ehrliches Küßchen. Das verspreche ich Ihnen."

Stefan Trosa war dem Schicksal jetzt endgültig dankbar, dieser Frau gerade in dieser Situation begegnet zu sein. Auch mit seinem Instinkt war er sehr zufrieden, der ihm dieses erste Treffen zu zweit eingegeben hatte.

Jetzt war der richtige Zeitpunkt gekommen, sich in aller Ruhe dem Text der Presseerklärung zu widmen. Da und dort wurden ein paar Sätze in der Reihenfolge umgestellt. Hin und wieder wurde eine nicht auf Anhieb verständliche Formulierung verbessert. Dabei hatten beide das schöne Gefühl, als würden sie schon jahrelang zusammenarbeiten. Nicht in einem einzigen Punkte kam es zum Streit. Schließlich waren beide mit dem Text zufrieden.

„Was Sie am Ende geschrieben haben – daß Sie nicht behaupten, es könne diese Fusion nicht geben –, das ist genau richtig. Wenn Sie diesen Faden um keinen Preis verlieren und sich nicht provozieren lassen, dann kann nichts schiefgehen“, riet sie ihm zum Abschluß.

„Im übrigen gefällt mir der Text jetzt“, stellte sie sachlich fest. „Sie sollten nicht denken, daß Journalisten faul sind. Diejenigen, die zur Pressekonferenz kommen, schreiben in der Regel einen eigenen Text. Viele aber wird die Presseerklärung nur über die Agenturen erreichen. Die Redaktionen werden mit solchen Texten wahrhaft zugeschüttet, und bei der Produktion einer Zeitung steht man immer unter Zeitdruck. Da gibt es nur zwei Möglichkeiten. Entweder kann der Text mit ein paar Kürzungen und kleinen Korrekturen im Prinzip so gedruckt werden, wie er ist, oder er wandert erbarmungslos in den Papierkorb.“

„Ich vertraue mich ganz Ihrer Erfahrung an“, gab Stefan fast zu galant zurück.

Anschließend fuhren sie mit ihrem Auto zur Universität. Sie setzte ihn bei Hans Michel ab, in dessen Institutshörsaal die Pressekonferenz stattfinden würde. Sie selbst fuhr noch zur Pressestelle, um den Text nun wirklich vervielfältigen zu lassen, und versprach, rechtzeitig wieder zurück zu sein.

Stefan hatte sich nicht geirrt. Sie fuhr tatsächlich ein Cabrio.

Frau Domus hatte die Vorbereitung der für vierzehn Uhr angesetzten Pressekonferenz souverän im Griff. Inzwischen betrachtete Trosa das fast als Selbstverständlichkeit, so sehr war er bereits von ihren Qualitäten überzeugt. Die Journalisten fanden im Foyer appetitliche Häppchen vor; Sekt und alkoholfreie Erfrischungsgetränke standen bereit. Es kamen über hundert Gäste. Dagmar Domus kannte fast alle und stellte die beiden Professoren und Herrn Maas den meisten persönlich vor. Trotz des Betriebes zeigte sie nicht die geringsten Anzeichen von Nervosität. Das Wort Streß schien ihr fremd zu sein: Sie strahlte eine Ruhe aus, die sich als lockere Freundlichkeit auf fast alle übertrug.

Trosa und Michel hatten Jürgen Maas schon vorher gebeten, mit im Podium Platz zu nehmen. Frau Domus fand diese Idee gut. Stefan Trosa erblickte seinen Doktoranden erst, als die ersten Journalisten schon eingetroffen waren, und meinte, seinen Augen nicht trauen zu können: Maas hatte keine Jeans an, sondern einen sehr ordentlichen Anzug, formvollendet veredelt durch eine Krawatte.

Sollte da etwa auch Dagmar Domus dahinterstecken? Er warf ihr aus einiger Entfernung einen fragenden Blick zu und machte eine leichte Kopfbewegung in Richtung auf Jürgen Maas. Sie fing seinen Blick auf und antwortete mit einem verschwörerischen Lächeln. Dann wurden die Türen geöffnet, und alle begaben sich in den Hörsaal.

Frau Domus gab eine kurze Einführung und faßte zusammen, was alle schon aus den Medien über diese elektrochemische Kernfusion wußten. Damit man die rechte Vergleichsbasis hatte, stellte sie knapp den momentanen Stand der heißen Kernfusion dar, bei der man in riesigen Maschinen mit starken Magnetfeldern versuchte, die Vorgänge im Inneren der Sonne zu imitieren. Stefan war von der Präzision ihrer Kenntnisse und der Eingängigkeit ihrer Sätze tief beeindruckt. Woher wußte sie all das auf einmal? Sie hatten kein einziges Wort darüber gewechselt. Er nahm sich vor, dieses Rätsel noch zu lösen.

Dann sprach Trosa über das besondere Prinzip der kalten Fusion und ging auf die Wärmeentwicklung ein. Anschließend berichtete Michel über die radiochemischen Aspekte. Während der Vorträge konnte man eine Stecknadel fallen hören. Stefan und Hans waren gut aufeinander eingespielt. Gelegentlich blickte Stefan zu Dagmar Domus und sah, daß sie sehr zufrieden war. Sie hatten offenbar den für die Journalisten richtigen Ton getroffen.

Nach Hans ergriff Stefan noch einmal das Wort, um Jürgen Maas kurz vorzustellen und darauf hinzuweisen, daß auch dieser ganz wesentlich zur Klärung der Probleme beigetragen habe. „Ohne ihn und seine Computerkünste", sagte er lächelnd, „hätten wir Sie noch für mindestens weitere zehn Tage vertrösten müssen. Er steht Ihnen nun genauso wie wir zur Beantwortung Ihrer Fragen zur Verfügung."

Es folgten einige Fragen zum Verständnis, die sich direkt auf die Vorträge bezogen und schnell beantwortet waren. Dann setzte abrupt jene Phase der Diskussion ein, vor der Dagmar Domus so eindringlich gewarnt hatte:

„Herr Professor Trosa, Ihr Kollege, Professor Rosenstock, galt als sehr renommierter Elektrochemiker. Ist sein Ruf jetzt, nachdem er solch kapitale Fehler begangen hat, völlig ruiniert?"

„Nein, das sehe ich nicht so", begann Stefan vorsichtig. „Es bleibt ihm das Verdienst, eine im Prinzip geniale Idee entwickelt und verfolgt zu haben. Es ist auch keineswegs erwiesen, daß dieser Gedanke nicht doch noch verwirklicht werden kann. Was nun die Fehler anbelangt, so ist man hinterher immer klüger. Auch sollte man nicht vergessen, daß es sich um ein ausgesprochenes Grenzgebiet zwischen mehreren Disziplinen handelt. Niemand ist auf allen Gebieten Meister. Ohne meinen Freund, Professor Michel, den Radiochemiker, hätte ich die Ergebnisse heute noch nicht verstanden. Vielleicht hätte auch Werner Rosenstock mit einem Radiochemiker oder einem Kernphysiker zusammenarbeiten sollen – allerdings muß man erst einen finden, der sich von solch einer ausgefallenen Idee begeistern läßt! Außerdem ging es um einen Nobelpreis. Da weiß niemand so ganz genau, ob er gleich bereit wäre, die Idee mit einem anderen zu teilen. Es gibt noch einen privaten Grund, weshalb ich daran interessiert bin, daß Rosenstocks Ruf nicht allzusehr beschädigt wird: Er war vor vielen Jahren Gutachter meiner Habilitationsschrift, und die möchte ich nicht noch einmal einreichen müssen."

Die Pointe am Schluß hatten alle verstanden und mit Heiterkeit quittiert.

„Was sagt denn der Radiochemiker, der sich mit Kernreaktionen auskennt, ganz grundsätzlich zur prinzipiellen Möglichkeit einer solchen Art von Kernfusion?"

Nun war Hans Michel am Zug: „Ich halte sie nicht für sehr wahrscheinlich, aber ich kann sie auch nicht ausschließen. Wenn es diese Fusion gibt, dann sprechen wir über ein Phänomen der Festkörperphysik. Gerade dort beobachten wir manchmal Überraschendes. Ich erinnere nur an die Hochtemperatur-Supraleiter: Auch das sind Festkörper, deren Verhalten wir bis heute theoretisch nicht verstehen."

„Hat man eigentlich die Rosenstockschen Versuche zum Vergleich auch mit ganz normalem Wasser gemacht?"

Die stellen ja klügere Fragen als viele unserer Kollegen, dachte Trosa beeindruckt.

„Offiziell ist uns darüber bis jetzt nichts bekannt. Im Moment werden ja in der Presse mehr Neuigkeiten gehandelt als in den Fachzeitschriften. Es liegt sehr nahe, daß es solche Versuche gibt. Sie sind aber auch nur bedingt vergleichbar, weil sich die thermophysikalischen Eigenschaften von schwerem und normalen Wasser unterscheiden."

Das mit der Presse war ein Eigentor, dachte Trosa, und setzte zu einem Ablenkungsmanöver an:

„Im Hinblick auf die Strahlungs- und Neutronenmessungen sind solche Vergleichsexperimente allerdings sehr aussagekräftig."

Es half nichts.

„Sie haben die vielen Pressemeldungen angesprochen. Haben Sie etwas daran auszusetzen, daß die Medien von Anfang an offen über diese vielleicht neue Kerntechnik berichten?"

Aha, von denen waren also auch welche im Auditorium. Damit hätte man von Anfang an rechnen können. Jetzt hieß es, die Samthandschuhe anzuziehen.

„Zunächst einmal wissen wir die Arbeit der Presse und das Informationsrecht der Öffentlichkeit zu schätzen, sonst hätten wir Sie wohl nicht eingeladen. Wir haben uns diese Entscheidung aber nicht leicht gemacht, denn die internen Kontrollmechanismen der Wissenschaft dürfen nicht außer Kraft gesetzt werden. Die Ergebnisse, die wir Ihnen hier vorgetragen haben, befinden sich bereits in den Händen unabhängiger Gutachter, anderenfalls hätten wir uns noch nicht zu dieser Pressekonferenz entschließen können. Ich würde im Moment wirklich noch nicht von einer neuen Kerntechnik sprechen. Über so etwas die Öffentlichkeit rückhaltlos zu informieren, ist uns selbstverständlich. Wir sollten die Fehler der Vergangenheit wirklich nicht wiederholen. Noch sprechen wir allerdings nur über Forschung – aber auch darauf hat die Öffentlichkeit ein Anrecht, denn schließlich bezahlt sie unsere Arbeit."

Noch einmal davongekommen, dachte Trosa...

„Ich hätte noch eine Frage an Herrn Maas. Sie sind ein junger angehender Wissenschaftler. Haben Sie mit Ihrer kritischen Analyse dieses Thema zu den Akten gelegt, oder werden Sie sich, mit sicher besseren Methoden, weiter auf die Suche nach dieser Fusion begeben?"

Na, das ist ja eine schöne Bescherung, dachten Trosa und Michel. Jetzt fordern sie den Jungen auf, unsere ganz geheimen Pläne auszuplaudern, und wir dürfen dann das mitleidig-spöttische Lächeln unserer Kollegen ertragen.

„Im Moment möchte ich erst einmal meine Doktorarbeit beenden. Nach all dem, was Sie heute hier gehört haben, werden Sie gewiß verstehen, daß mir die kalte Fusion dafür ein viel zu heißes Thema ist. Danach aber wird mich diese Frage wohl auf die eine oder andere Art mein ganzes Leben lang begleiten."

Herrgott, der Junge war ja absolute Spitze. Das war eine diplomatische Meisterleistung, wie er da im Prinzip ja gesagt hat, ohne seine Lehrer mit hineinzuziehen. Trosa war sehr stolz auf seinen Doktoranden. Das Wort vom „Doktorvater" war wahrlich keine leere Redewendung – für so einen Jungen konnte man echte Vatergefühle entwickeln.

Das Frage-Antwort-Spiel zog sich noch eine Weile hin, ohne daß sich irgend etwas Besorgniserregendes ereignet hätte. Auch Dagmar Domus war glücklich. Nachdem der letzte Journalist gegangen war, drückte sie jedem ihrer drei Matadoren wirklich ein dickes Küßchen auf die Wange.

Stefan gestand sich sein Lampenfieber vor dieser Pressekonferenz erst jetzt voll ein. Bei ihm, dem dieses Gefühl sonst völlig fremd war, weil er in seine Vortragsauftritte fast ein bißchen verliebt war, mußte dies als Symptom eines extremen Erfolgsdruckes gewertet werden. Entsprechend befreit fühlte er sich jetzt. Spontan beschloß er, seinen Flug auf den nächsten Morgen umzubuchen und seine drei Mitstreiter zum Abendessen einzuladen.

„Hans, dir wird gewiß ein Lokal einfallen?"

„Willst du uns gleichsam nur sättigen, oder ist heute zufällig einer deiner bekannt seltenen großzügigen Tage?" erkundigte sich dieser.

„Nun ...", stöhnte Stefan gespielt, „da ich es war, der euch das alles eingebrockt hat, liegt der Abend nun ganz in deiner Hand."

„Das erleichtert meine Wahl sehr!" strahlte Hans und schlug ein Restaurant vor, dessen Geschäftsführer ein Clubfreund von ihm war.

Das Lokal durfte auch für eine Weltstadt als gediegen bezeichnet werden. Das Haus war ein neoklassizistischer Altbau aus der zweiten Hälfte des vorigen Jahrhunderts. Hans hatte das Meißner Kabinett reservieren lassen, einen kleinen Raum, dessen in die Wände eingelassene Vitrinen eine Porzellansammlung enthielten, die durchaus dem Museum der Manufaktur hätte entstammen können. Stefan war von dieser Wahl gleich aus zwei Gründen sehr angetan.

Erstens mochte er Meißner Porzellan. Noch immer schmerzte ihn ein wenig die Erinnerung daran, daß ihm während seiner Studentenzeit einmal ein Antiquitätenhändler ein Weinlaub-Kaffeeservice angeboten hatte, das heute sicher das Zwanzigfache wert gewesen wäre und das er sich damals nicht hatte leisten können.

Zweitens fand er, und das sprach er aus, war dies ein sehr beziehungsreicher Raum hinsichtlich dessen, was sie in den vergangenen zwei Wochen erlebt hatten. Johann Friedrich Böttger, sagte er, sei immerhin ein recht unseriöser Goldmacher gewesen, bevor er sich unter dem Einfluß des ehrbaren Professors Ehrenfried Walther von Tschirnhaus zum Erfinder dieser hochedlen Keramik wandelte. So ähnlich würden nun auch sie sich, nach dem Katzenjammer des Fusionsrausches, wieder einer nützlichen und ehrbaren Arbeit zuwenden müssen.

„Sie, Frau Domus, sind von diesem Katzenjammer natürlich ausgenommen. Sie haben sich nichts zuschulden kommen lassen. Im Gegenteil, Ihnen verdanken wir den relativ glimpflichen Ausgang der Affäre." Damit bat er sie, an seiner Seite Platz zu nehmen. Das würde ihm Gelegenheit geben, wenn die beiden anderen ins Gespräch vertieft waren, hin und wieder ein Wort mit ihr allein zu wechseln.

Stefan schlug vor, ein gemeinsames Menü zu nehmen und die Wahl dem als Gourmet bekannten Professor Hans Michel zu überlassen, was bei den anderen erwartungsvollen Beifall fand. Der Meister empfahl: „Um uns nicht gleichsam dem Vorwurf der Völlerei auszusetzen, schlage ich vor, uns angesichts der späten Stunde auf drei Gänge zu beschränken. Als Vorspeise sollte marinierter Zander auf Zucchini in Sauternes-Gelee angemessen sein. Für den Hauptgang schlage ich Rinderfilet im Kräutermantel mit Burgunder-Sauce, feinen Böhnchen, Rübchen und Gratin Dauphinois vor, wonach das Ganze nicht unpassend mit Ananas auf Krokantblätterteig abzurunden wäre."

Das ehrfürchtige Schweigen der Runde signalisierte einhelliges Einverständnis mit dieser gediegenen Auswahl.

Die Gelegenheit der gefüllten Weingläser benutzte Stefan, um sich noch einmal bei allen dafür zu bedanken, daß sie seinem verrückten Vorschlag so viel Zeit und Mühe geopfert hatten.

An Dagmar Domus gewandt, sagte er: „Erst mein Freund Hans Michel hat mir vor wenigen Tagen erklärt, auf welch gefährliches Unterfangen wir uns eingelassen haben. Wenn wir uns bis jetzt vielleicht noch nicht das Genick gebrochen haben, dann haben Sie daran einen ganz besonderen Anteil."

Sie revanchierte sich artig: „Das war wirklich die interessanteste Pressekonferenz, die ich je organisiert habe. Aber das Schönste war, wie gut Sie alle drei Ihre Sache gemacht haben. Sie glauben ja nicht, wie grausam das Leben sein kann und was für Präsentationen ich manchmal ertragen muß."

Zu Trosa gewandt, fuhr sie fort: „Die Geschichte mit dem Habilitationsgutachter – ich hoffe, sie stimmt? –, die ist Ihnen genau im rechten Augenblick eingefallen. Das hat dem Ganzen einen sehr menschlichen Anstrich gegeben und Ihnen gewiß viele Sympathien verschafft, die sich morgen in einer wohlwollenden Berichterstattung niederschlagen werden. Man könnte meinen, Sie hätten auch einige Semester Psychologie studiert?"

„Ich bedaure aufrichtig, daß ich diesmal Ihre Vermutung nicht bestätigen kann. Ich gebe aber zu, ein Psychologiestudium wäre wohl in Betracht gekommen, wenn die Begeisterung für die Chemie nicht doch größer gewesen wäre. Wissen Sie, diese Fusion ist eine Ausnahme – im allgemeinen steht man in der Chemie doch auf recht sicherem Boden. In der Psychologie ist man viel mehr Unwägbarkeiten ausgesetzt. Aber der Gutachter stimmt natürlich. Immer, wenn ich es ausnahmsweise probiert habe, mußte ich feststellen, daß meine Lügen niemanden überzeugen."

Jetzt erwachte aber auch seine Neugier wieder, und er fuhr fort: „Wenn heute etwas wirklich genial war, dann war es Ihre Darstellung zum Stand der heißen Kernfusion. Woher wußten Sie das alles?"

Den Zusatz „...da ich es Ihnen doch nicht erklärt habe" hatte er zwar nicht ausgesprochen, aber sie hatte ihn um so deutlicher herausgehört.

Deshalb entschloß sie sich zu einer sehr knappen Antwort, was ihrem Wesen eigentlich widersprach: „Ich habe Physik studiert und bei Rudolf Mößbauer in München promoviert."

Hätte Stefan Trosa gerade ein Weinglas in der Hand gehabt, dann wäre es ihm jetzt wohl vor Schreck entglitten. Ein kurzer hilfloser Blick zu Hans zeigte ihm, daß der von dieser Offenbarung keineswegs überrascht war.

Und ich Idiot, dachte er, habe ihr heute früh eine halbe Stunde lang wie einem Vorschulkind die Fusion erklärt und mich auch noch gewundert, daß sie keine Fragen gestellt hat. Promoviert hatte sie, und noch dazu bei einem Nobelpreisträger! Verzweifelt suchte er einen Ausweg aus dieser Falle, als ihm eine Erinnerung zu Hilfe kam:

„Bei Mößbauer...“, begann er sehr bedächtig mit einem angestrengt nachdenklichen Gesicht, das jetzt zu einer Kollegin sprach: „...Vor einigen Jahren habe ich einmal die Mößbauerspektroskopie benutzt, um Korrosionsprodukte des Eisens zu untersuchen. Dabei konnte ich mich auf eine Arbeit von ihm stützen, in der die Debye-Waller-Faktoren der Eisenoxide mitgeteilt wurden. Es war mir aufgefallen, daß eine Dame als Coautorin genannt war, weil Frauen in der Physik ja immer noch recht selten sind. An den Namen erinnere ich mich leider nicht mehr, vermutlich benutzten Sie damals auch noch Ihren Mädchennamen. Könnte es sein, daß Sie das zufällig waren?“

Ihr sonst so beherrschter Gesichtsausdruck schwankte für einen Moment zwischen Stolz und Enttäuschung. Schon beim ersten Telefongespräch hatte sie gespürt, daß da ein sehr selbstbewußter Mann am anderen Ende war. Er mußte kein Macho sein – vermutlich würde er bestimmten Frauen sogar mit Hochachtung begegnen. Aber dieser Mann, das fühlte sie, teilte die Menschheit ein, in seinesgleichen und andere. Gewiß konnte er auch zu den *anderen* sehr nett und freundlich sein, ja, er konnte sie vielleicht auch schätzen, aber es blieben immer irgendwie *die anderen.*

Das hatte ihren Kampfgeist geweckt. Fest hatte sie sich vorgenommen, ihn zuerst in dem Glauben zu lassen, sie gehöre zu *den anderen.* Sie wollte ihren ganzen Charme einsetzen, damit er sie sympathisch fand. Erst wenn sie das erreicht hatte, würde sie ihm eröffnen, daß sie doch zu *seinesgleichen* gehörte – wenn er davon nicht einen so engen Begriff hatte, daß sie trotz Promotion im Selektionssieb hängen blieb.

Sie hatte damit keinerlei Zweck verbunden, es reizte sie einfach, so wie andere das Roulette. Ihr Spiel war perfekt gelaufen, und nun hatte er es ihr mit einem nicht geplanten Zufall und seinem Elefantengedächtnis fast vermasselt.

Aber die Art, wie er sich wieder zu befreien verstand, nachdem sich die Schlinge schon um seinen Hals gelegt hatte, das verdiente Respekt. Vielleicht hatte sie sich doch ein wenig in ihm geirrt und ihm etwas vorschnell Arroganz unterstellt. Ja, mehr noch – sie war sich nun sicher, daß sie ihn mochte und wünschte sich, daß er ihre freundschaftlichen Gefühle erwidern möge.

„Ja, das bin ich gewesen," gestand sie. „Ich wußte gar nicht, daß die Werte, die ich gemessen habe, wirklich benutzt worden sind. Das freut mich."

Sie mußte sich jetzt sehr geschickt, gewissermaßen auf zwei Ebenen sprechend, ausdrücken, denn auch Michel und Maas hörten gespannt zu: „Ich habe meinen Beruf gewechselt, weil Wissenschaft für mich nicht alles ist im Leben. Es gibt Vorgänge, die sich zwischen Menschen abspielen und tausendmal interessanter sind als Naturgesetze. Auf das Verhalten von Menschen kann man vielleicht Einfluß nehmen; bei Naturgesetzen ist das zwecklos."

Für Michel und Maas waren diese Worte weiter nichts als die Erklärung dafür, daß sie als Physikerin zur Öffentlichkeitsarbeit gewechselt hatte. Stefan Trosa jedoch hatte die nur ihm geltende Botschaft, die in dem Wort *vielleicht* verborgen war, deutlich wahrgenommen.

Als Hans Michel nach dem Hauptgang damit beschäftigt war, sich intensiv mit Jürgen Maas über dessen berufliche Zukunftsabsichten zu unterhalten, lehnte Stefan sich auf seinem Stuhl ein wenig zurück, um anzudeuten, daß er mit Dagmar Domus ein paar Worte allein wechseln wollte.

„Sie haben mir gestanden, daß Sie Physikerin sind. Ich frage nicht, warum das so spät geschah, denn ich glaube es zu wissen. Es drängt mich nun aber, Ihnen etwas zu sagen, wobei es mir lieber gewesen wäre, ich hätte dazu vor Ihrem Geständnis die Gelegenheit und auch den Mut gefunden."

„Ist es etwas so Schwerwiegendes?" fragte sie gespannt.

„Ja und nein", antwortete er. „Ja, weil es etwas ist, bei dem ich jedes nur denkbare Mißverständnis absolut ausschließen möchte. Nein, weil es nur ein schönes Gedankenspiel ist."

Mit ihren weit geöffneten Augen blickte sie ihn erwartungsvoll lächelnd an und sagte ein wenig ratlos. „Etwas deutlicher müßten Sie aber schon werden …"

„Nun", fuhr Stefan fort, „von eienr Frau wie Ihnen vermute ich, daß Sie ebenso glücklich verheiratet sind wie ich. Auf diesem Gebiet sollten wir beide also keinen Korrektur- oder Nachholbedarf haben – und dennoch, ich mag Sie einfach! Wenn mir das Schicksal eine Schwester gegönnt hätte, dann hätte ich mir eine wie Sie gewünscht!"

Sie ergriff ihr Glas, bewegte es auf das seine zu, das er ihr entgegen hielt, und sprach mit weicher gedämpfter Stimme: „Noch nie hat mir jemand ein so schönes Kompliment gemacht, das zugleich über jeden weitergehenden Verdacht erhaben ist. – Auch ich habe bis jetzt noch keinen Bruder gehabt, so daß unser Geschwisterbild nicht durch die Realität getrübt werden kann."

Als sie angestoßen und einen Schluck getrunken hatten, schaute er sie noch einmal an und sagte verschwörerisch lächelnd: „Auf das Glück, Ihnen begegnet zu sein! – Und darauf, daß Ihr positiver Einfluß auf mich nicht nur *vielleicht* noch lange anhält.

VIII

Jürgen Maas war erwartungsvoll erregt, als die 747 zum Flug nach Houston abhob. Es war seine erste Reise in die Vereinigten Staaten, und gleich zu einem solchen Ereignis! Diese glückliche Fügung verdankte er einer Terminüberschneidung. Er war auf dem Weg zum Sommermeeting der American Chemistry Association, für das ein Vortrag von Rosenstock und Cox über die „Kalte Kernfusion" angekündigt war, wie sie inzwischen allgemein genannt wurde.

Der deutsche Forschungsminister hatte just für den gleichen Tag ein Expertenhearing einberufen, zu dem auch Trosa und Michel geladen waren. Der Termin ließ sich nicht mehr verschieben, denn er stand im Zusammenhang mit der bevorstehenden letzten Lesung des Haushaltsgesetzes im Bundestag. Die Experten sollten eine Stellungnahme zu der Frage abgeben, ob ein Sonderprogramm der Bundesregierung zur weiteren Erforschung dieser Kernfusion ratsam sei. Es verstand sich von selbst, daß Trosa und Michel dabei unabkömmlich waren, so daß sie Jürgen Maas gebeten hatten, an dem ACA-Meeting teilzunehmen.

Trosa hatte ihm noch kurz erläutert, wie diese Meetings gewöhnlich abliefen. In Einzelgesprächen am Rande der Vorträge sollte Maas versuchen, möglichst viele Meinungen zum Thema zu sammeln. Eine Liste mit den Namen der Kollegen, an deren Ansichten Trosa besonders gelegen war, hatte er ihm mitgegeben. Natürlich wollte er auch wissen, wie weit sich ihre eigene Arbeit schon herumgesprochen hatte. Sie war noch nicht erschienen, aber sie hatten das Manuskript vorab an eine Reihe Kollegen gesandt.

Von Trosa stammte auch der Vorschlag, Maas möge sich doch mit seinem Doktorandenkollegen John Lawson aus dem Labor von Cox in Austin in Verbindung setzen, um ihn nach der Konferenz vielleicht noch besuchen zu können. Per E-mail hatte er das schnell geklärt, und John hatte sich aufrichtig für das Berliner Manuskript bedankt, das ihm Jürgen direkt geschickt hatte. Es war John merkwürdigerweise bisher nicht gelungen, sich dieses auf anderem Wege zu beschaffen, da es in den Staaten offenbar wie eine geheime Verschlußsache behandelt wurde.

Von dem Wägelchen mit den Zeitungen hatte sich Maas einige Hefte genommen. In der „Herald Tribune" las er, daß am MIT und am CalTech zwei Gruppen unabhängig voneinander zu den gleichen Schlußfolgerungen gekommen waren wie sie in Berlin. Schon ganz der Schüler seines Meisters, vergewisserte er sich sofort über das Datum der Meldung und stellte befriedigt fest, daß sie eine gute Woche schneller gewesen waren. Gleich nach der Ankunft würde er seinen Chef anrufen, um ihn zu informieren.

Als das Flugzeug gelandet war, befolgte Jürgen Maas als erstes Trosas Ratschlag, sich im Heiligen Land des Automobils sofort einen Mietwagen zu nehmen. Natürlich hatte er aus Büchern, Filmen und Erzählungen bereits eine sehr detaillierte Vorstellung von Amerika, dennoch eröffnete ihm das Erlebnis der Wirklichkeit eine gänzlich neue Dimension. Schon allein die riesige Fläche, auf der sich der Flughafen mit seinen großzügigen Parkanlagen erstreckte, verdeutlichte ihm, wie dicht doch sein Zentraleuropa besiedelt war. Die wie Achterbahnen für Gulliver anmutenden, in vier Ebenen auf schlanken Stelzen ruhenden Highways, die er bei der Einfahrt nach Houston passierte, bestätigten ihm endgültig, daß diese Staaten noch immer eine andere Welt waren. Man mußte sich das Gefühl grenzenloser Freiheit wirklich nicht einreden, es stellte sich einfach ein. Die Kosten für den Mietwagen holte er dadurch wieder herein, daß er im Studentenwohnheim sehr preiswert übernachtete.

Hinsichtlich Größe und Perfektion der Organisation übertraf der Kongreß alles, was sich Jürgen Maas trotz Trosas Erklärungen vorgestellt hatte. Etwa 45 der über 80 Parallelsitzungen fanden im Convention Center statt, dessen Ausstellungsebene man noch in zusätzliche Vortragssäle unterteilt hatte. Die übrigen 35 waren auf vier Hotels in der City verstreut.

Über 8.000 Teilnehmer, davon etwa achtzig Prozent Amerikaner, waren nach Houston gekommen. Maas' Vermutung, daß dies wegen der kalten Kernfusion ein Ausnahmezustand sei, erwies sich bald als falsch. Die ACA zählte über 60.000 Mitglieder, und vor diesem Hintergrund mußte eine solche Beteiligung an einem Jahrestreffen als völlig normal gelten. Das Kongreßbüro im Foyer der mittleren Ebene des Convention Center erreichte man über zwei Rolltreppen. An mehr als dreißig Schaltern, geordnet nach den ersten beiden Buchstaben der Namen, waren einheitlich in den Farben der ACA rot-weiß gekleidete emsige Damen damit beschäftigt, den vorab angemeldeten Teilnehmern ihre Unterlagen auszuhändigen und Neuanmeldungen entgegenzunehmen.

Die unkomplizierte und kontaktfreudige Art der Amerikaner hinterließ bei Jürgen Maas einen tiefen Eindruck. Hier gab sich nahezu jeder so, als wäre er mit jedem schon seit Jahren eng befreundet. Selbst wenn alle Teilnehmer in schöner Regelmäßigkeit zu diesem Kongreß fuhren, war es natürlich völlig unmöglich, daß jeder hier wirklich achttausend Freunde hatte, geschweige denn, daß er sich auch nur die Namen der vielen Kollegen hätte merken können. Am Revers oder am Hemd trugen deshalb alle ihr Kongreßschild, das gleichzeitig als Eintrittskarte galt. Viele dieser Schilder waren zusätzlich mit bunten Bändern versehen, die anzeigten, ob einer Vortragender, Diskussionsleiter oder Mitglied eines der vielen Komitees war. Wie in Europa stand auf dem Schild, allerdings recht klein gedruckt, der volle Name mit Titel des Teilnehmers und die Institution, zu der er gehörte. Groß und fett, damit man es von weitem lesen konnte, war zusätzlich ausgedruckt, wie jeder angeredet werden wollte. Ein Robert hieß da Bob, ein William Bill, ein Richard Dick. Zu diesem Zweck mußte auf dem Anmeldeformular eine extra Zeile ausgefüllt werden, vor der „Nickname“ stand. Maas war hierzu nichts anderes als sein Vorname Jürgen eingefallen, was dazu führte, daß er nun mit der wenig glücklichen Aufschrift „Jurgen“ herumlief. Das konnte niemand vernünftig aussprechen, so daß er sich auf seinen zweiten Vornamen Theodor besann und mit dickem Filzstift die Anrede in „Ted“ korrigierte. Jetzt hatte auch er das Gefühl dazuzugehören.

Die Amerikaner verfügten offenbar über eine Witterung für Neulinge aus Europa. Trotz seiner Levis 501 wurde Maas fast pausenlos angesprochen, noch bevor er sich mit seinem Englisch verraten konnte:

„Hello, Ted, is it your first visit here? Where you are from?“ Jeder gab ihm irgendeinen Tip – wo er preiswert essen könne, wo es günstig Software zu kaufen gebe oder was er sich hier in der Umgebung unbedingt noch ansehen müsse. Für die Abarbeitung all dieser guten Vorschläge hätte er Monate gebraucht.

Den ersten Tag verbrachte er in der Sitzung mit elektrochemischen Vorträgen. Das Programm war nicht sehr gut strukturiert. Jürgen fand, es ähnelte eher einem wissenschaftlichen Gemischtwarenladen. Seltsamerweise beschäftigte sich kein einziger Vortrag mit der Fusion. Das mochte damit zusammenhängen, daß die Elektrochemiker hierzulande eine eigene Gesellschaft hatten, die für die nächste Zeit schon ein spezielles Symposium über die kalte Kernfusion in Los Angeles angekündigt hatte.

Die meisten Vorträge interessierten Maas nicht sonderlich, so daß er viel Gelegenheit hatte, mit allen möglichen Leuten ins Gespräch zu kommen – die Foyers waren fast stärker frequentiert als die Vortragssäle. Die Mehrzahl seiner Gesprächspartner hatte noch keine abschließende Meinung zur Fusion und drückte sich entsprechend vage aus, ließ aber durchblicken, daß man es schon nicht übel fände, wenn zwei Chemiker, also zwei der ihrigen, es den Physikern mal wieder gezeigt hätten. Im übrigen wolle man doch erst einmal den Vortrag von Rosenstock und Cox abwarten.

Wenn Maas von seiner Arbeit mit Trosa und Michel erzählte, stieß er zwar stets auf interessierte, aber nur selten auf wohlwollende Zuhörer. Irgendwie verstanden es viele, ohne dies direkt auszusprechen, ihm das Schuldgefühl einer illegalen Einmischung zu vermitteln.

Dennoch sprach es sich schnell herum, daß da ein etwas exotischer junger Deutscher gekommen war, der sich mit der Sache beschäftigt hatte. So meldeten sich bald einige der Leute von Trosas Liste bei ihm, von denen die meisten das Manuskript der Arbeit schon gelesen hatten. Bei denen spürte er, daß sein Doktorvater hier doch einen recht ordentlichen Ruf genoß. Viele trugen ihm herzliche Grüße auf und waren erfreut zu hören, daß Trosa wohl nach Los Angeles kommen würde. Sie erzählten ihm auch Näheres über die Geschichten vom CalTech und MIT, die er im Flugzeug gelesen hatte. Das klang doch sehr ermutigend.

Professor Allister aus Miami erklärte ihm aber ganz offen, daß die „guys“ vom CalTech dafür auch schon recht übel angegriffen worden wären und man sie in Meldungen und Editorials als Nestbeschmutzer abqualifiziert hätte. Die Wissenschaftlergemeinde der Staaten sei in dieser Frage schon tief gespalten, und manche Schlammschlacht würde unterhalb der Gürtellinie ausgetragen. So hätte die National Science Foundation bereits eine unabhängige Untersuchungskommission eingesetzt, deren Mitglieder gerade in der texanischen Presse argen Beschimpfungen ausgesetzt seien. Cox wollte ihnen anfangs sogar den Zutritt zu seinen Labors mit der Begründung verwehren, sie seien als eine Art Inquisition von der Physiker-Lobby ausgewählt worden. Diese offenen Feindseligkeiten hatten schließlich dazu geführt, daß Rosenstock und Cox ihren ursprünglich geplanten Vortrag zum Physikerkongreß vergangene Woche wieder abgesagt hatten. Die Speerspitze der Gegner sei so unter sich gewesen, und einer habe sich sogar zu der Behauptung verstiegen, das Ganze sei ein Rückfall in die Alchimie. Er, Allister, würde die Sache eher als einen bedauerlichen Irrtum der beiden ansehen, von dem sie sich nun nicht mehr lösen könnten. „Die Pressekonferenz war eine große Dummheit!“ meinte er. Jetzt habe er das ungute Gefühl, daß die ACA nach der eher diffamierenden Physikertagung die Chance nutzen wolle, um ein groß angelegtes Zustimmungsfestival zu zelebrieren. Allister erklärte aber auch ziemlich offen, daß er mit seinen Ansichten hierzulande sehr einsam dastehe, und riet Jürgen, bei allen Gesprächen vorsichtig zu sein.

Jürgen Maas verstand nun vieles besser. Die meisten Amerikaner waren wohl insgeheim der Ansicht, eine Entdeckung dieser Tragweite könne ohnehin nur in ihrem Lande gemacht werden. Dazu bedurfte es wohl des sprichwörtlichen Pioniergeistes, den die anderen nicht haben konnten. Wenn darüber nun eine bedauerliche Kontroverse ausgebrochen war, so war es einfach ein Gebot der Selbstachtung und des Anstandes, daß man die Sache unter sich ausmachte. Einmischung von außen war nicht erwünscht.

Am nächsten Morgen sollte sich erweisen, daß Allister wohl recht behalten würde. In allen Foyers waren Plakatständer aufgestellt worden, auf denen der Vortrag von Rosenstock und Cox angekündigt wurde. Der Titel lautete eher schlicht: „A New Way of Energy Production“. Um allen anwesenden Kollegen die Gelegenheit zur Teilnahme zu geben, so hieß es, würde der Vortag heute, 6 p.m., im Baseball-Stadion von Houston stattfinden.

Jürgen Maas hatte sich schon gefragt, wie man den Ansturm zu diesem Vortrag bewältigen wollte, da der Plenarsaal höchstens zweitausend Personen faßte. Ein wissenschaftlicher Vortrag im Baseball-Stadion! Das war unerhört – auch für das gewiß nicht sensationsarme Amerika. Jürgen war froh, als er Allister noch einmal begegnete und sie beschlossen, gemeinsam zum Stadion zu ziehen.

Auf dem Weg dorthin wollte sich die typische Fanstimmung bei beiden allerdings nicht so recht einstellen. Man war doch ein wenig besorgt, wie dieser Rahmen auf die Öffentlichkeit und den Rest der Welt wirken würde. Allister meinte düster, dies könne eine Schicksalsstunde für das Ansehen und die Glaubwürdigkeit der Wissenschaft werden. Der viel jüngere Maas sah es lockerer: „Wenn Rockstars regelmäßig in Stadien auftreten, warum nicht auch einmal zwei Wissenschaftler?“

„Weil wir keine Rockstars sind, junger Freund!“ erwiderte Allister. „Die müssen, wie die Politiker, für ihre Produkte eine große Mehrheit finden, sonst sind sie weg vom Fenster. Wenn wir aber anfangen, uns den Anschein zu geben, als dürfe man über unsere Ergebnisse mehrheitlich abstimmen, dann können wir einpacken, denn dann wird uns niemand mehr ernst nehmen. Wenn wenigstens sicher wäre, daß die Sache stimmt! Daran müssen wir aber zweifeln. Ich fürchte, wir werden uns unsterblich blamieren.“ Man fühlte, wie sehr seine redliche Seele unter dieser Aussicht litt, so daß es Jürgen Maas vorzog, das Gespräch nicht fortzusetzen.

Sie erreichten das Stadion eine Viertelstunde vor Beginn der Veranstaltung, als der für das Auditorium reservierte Bereich schon zu mehr als der Hälfte gefüllt war. Es war tatsächlich wie bei einem Baseball-

Spiel: Überall gab es unvorstellbare Mengen an Popcorn und Cola. Jürgen Maas hätte nie geglaubt, daß Wissenschaftler solche Massen in sich hineinschütten können! Die Leute waren fast alle ohne Jackett und mit offenem Hemd gekommen. Es schien, als hätten sich all die ehrbaren Wissenschaftler vom Tage nun in Baseballfans verwandelt – nur das Gejohle der Fangruppen fehlte noch. In der verbleibenden Zeit hatte sich die abgesteckte Zone des Stadions fast gänzlich gefüllt.

Dort, wo an der Schmalseite des Ovals die unteren Sitzreihen durch den Spielereingang unterbrochen waren, befand sich am Rande des Spielfeldes ein Podest und darauf ein Rednerpult mit dem Symbol der ACA. Daneben stand ein Tisch, auf dem offenbar die Fusionszelle aufgebaut war, die man aus der Entfernung allerdings kaum erkennen konnte. Weiter rechts war ein Ständer plaziert, wie er für Flipcharts verwendet wurde, und daneben noch ein kleiner Tisch mit einem Stuhl. Vor dem Podest hatten drei Fernsehkameras Stellung bezogen. Genau um sechs Uhr begannen die vier riesigen Multimediawände des Stadions zu flimmern, auf denen sonst die Spielergebnisse angezeigt wurden oder in den Pausen Werbespots erschienen. Die mittlere Kamera wurde auf den größeren Tisch gerichtet und nahm die Zelle in den Zoom.

Als Werner Rosenstock und Derek Cox das Stadion durch den Spielereingang betraten und auf das Podest zugingen, erfaßte sie die andere Kamera, und in einer weichen Überblendung erschienen sie, die Fusionszelle langsam verdrängend, auf den riesigen Bildwänden. Rosenstock bewegte sich trotz seiner fast siebzig Jahre mit kräftigen, federnden Schritten. Mit seinem freundlichen Gesicht, dem verbindlichen Lächeln, der hohen Stirn und der dicken Hornbrille wirkte er wie ein selbstbewußter Kirchenfürst – ganz anders als der viel jüngere Cox, dem man die Mühe ansah, die ihm die Selbstbeherrschung bereitete. Auch er versuchte, stark zu erscheinen, obwohl er eher den Eindruck eines von Rennen zu Rennen gehetzten Hundes erweckte.

Rosenstock ging zuerst ans Rednerpult, und Cox, der einen Stapel größerer Papiere unter dem Arm trug, setzte sich an den kleinen Tisch. Sie verzichteten auf einen Assistenten; offenbar würde es Cox übernehmen, die Formeln, Kurven und Diagramme vor die Platte auf dem Ständer zu stellen, damit die Kamera sie auf die Bildschirme übertragen konnte. Dieses rührende Festhalten an den schlichten Gepflogenheiten normaler Vorträge wirkte in diesem modernen Kolosseum umso archaischer und stand in wohltuendem Kontrast zu allem übrigen High-Tech-Equipment dieser gespenstischen Aula. Seht, wir sind trotz allem zwei von euch geblieben, hieß die Botschaft dieser bescheidenen Präsentationsweise, die allgemein mit Sympathie aufgenommen wurde.

Als sich der stürmische Applaus gelegt hatte, begann Werner Rosenstock zu sprechen. Sprechen war allerdings ein zu schlichtes Wort für die Perfektion seiner Vortragskunst.

Er setzte ganz leise ein, indem er versicherte, daß dieses unbequeme Stadion nicht ihre Idee gewesen sei, sondern daß sich die ACA erst in letzter Minute für diese unkonventionelle Variante entschieden habe. Als erstes ließ er Cox das einfache, jedermann bekannte Schema einer normalen Zelle zur Wasserelektrolyse zeigen, nicht ohne zu vergessen, darauf hinzuweisen, was für ein umweltfreundlicher Energieträger der so erzeugte Wasserstoff sei. Sodann rechnete er vor, wie schnell alle unsere Energierohstoffe erschöpft sein würden, wenn wir dazu übergingen, uns nur noch eines auf diese Weise erzeugten Wasserstoffs zu bedienen. Während er sprach, wurde er von der Regie geschickt in einem Fenster in die gezeigten Diagramme eingeblendet.

Mit der Stimme eines Propheten verkündete er endlich, man müsse das Wasser nur gegen schweres Wasser austauschen und als Elektrode ein wasserstoffaufnehmendes Metall verwenden, um den bekannten energieverzehrenden Prozeß der elektrochemischen Wasserstofferzeugung in eine neue Energiequelle zu verwandeln.

Er ging dann dazu über, sehr zielstrebig über den besonderen Zustand des Wasserstoffs im Palladium zu theoretisieren. Die bekannte Nernstsche Gleichung benutzte er, um effektvoll auszurechnen, unter welch unheimlich hohem Druck der Wasserstoff im Palladium stand, und diesen dann zur vollkommenen Verblüffung seiner Zuhörer mit dem Druck im Inneren der Sonne zu vergleichen, der bedeutend geringer war. Fast jeder der Zuhörer im Stadion fragte sich in diesem Augenblick deprimiert, warum er selbst noch nie diese schon in den ersten Semestern gelernte Gleichung benutzt hatte, um eine so einleuchtende Berechnung anzustellen.

„What a nonsense!" murmelte Professor Allister neben Jürgen Maas. Als hätte er diesen Einwand gehört, wies Rosenstock sogleich darauf hin, daß dies freilich eine sehr vereinfachte Betrachtungsweise sei, da man nicht ganz sicher wisse, ob die Gleichung unter extremen Bedingungen in dieser einfachen Form noch gelte. Diese Einschränkung war jedoch nicht geeignet, im Auditorium ernsthafte Zweifel hervorzurufen; sie galt höchstens als Beweis dafür, mit welcher Sorgfalt dieser Mann zu Werke ging.

Rosenstock erläuterte danach kurz die von ihm eigens entwickelte Methode zur Messung der Wärmebilanzen. Daß dafür nicht die geringste Notwendigkeit bestand, weil die bekannten Methoden bestens entwickelt waren, verschwieg er. Schon gar nicht war an einen Hinweis darauf zu denken, daß mit diesen etablierten Methoden seine Ergebnisse bisher nicht bestätigt werden konnten.

Dafür ging er zum Schluß ganz freimütig auf einige noch ungeklärte Details ein, die auch ihnen, wie er versicherte, oft Schwierigkeiten bereiteten, die Ergebnisse zu reproduzieren. Das ändere freilich nichts an der Tatsache, daß die Fusion ihnen schon oft gelungen sei. Es gebe einfach zu viele Bedingungen, die für eine erfolgreiche Fusion offenbar erfüllt sein mußten und die man im Moment noch nicht alle beherrsche. Dies sei aber in der Forschung ganz normal, betonte er zuversichtlich und lud ausdrücklich alle Fachkollegen ein, sich an der weiteren Aufklärung des Phänomens zu beteiligen.

Damit schloß er seine Ausführungen und bat Professor Cox, jetzt über die Einzelheiten der Experimente zu berichten. Doch bevor dieser beginnen konnte, erdröhnte minutenlanger Beifall für Werner Rosenstock. Die Menschen hier im Stadion waren eben keine feindseligen Physiker, sondern gehörten zur Familie der Chemiker, die nun einem ihrer Grandseigneurs zujubelte. Gewiß, es gab auch manchen Nobelpreisträger unter ihnen, aber mit Werner Rosenstock war eine neue Supernova erschienen, die alle anderen wohl bald überstrahlen würde.

Als der Beifall endlich soweit verklungen war, daß Derek Cox beginnen konnte, ging dieser zum Tisch und griff nach der kleinen Zelle. Wie eine Monstranz nahm er sie in beide Hände, hielt sie mit ausgestreckten Armen vor sich in die Höhe und rief: „This is the Tokamak of Chemistry!"

Dabei erschien er überlebensgroß auf den gigantischen Bildschirmen wie ein Superstar aus Hollywood, der statt des Oscars triumphierend diese kleine Glaszelle in den Händen hielt. Tokamak, das waren die riesigen und extrem teuren Plasmamaschinen, die weltweit für Versuche mit der heißen Kernfusion eingesetzt wurden. Hätte er „of Austin" oder „of Texas" gerufen, so wären zumindest alle Nordstaatler reserviert geblieben. Aber nein, er hatte „of Chemistry" verkündet und sie damit alle zu einer großen Gemeinschaft der Sieger vereint. Mit der Beherrschung der Menge war es nun vorbei! Fast alle jubelten wie bei einem wirklichen Baseball-Spiel, und allmählich ging das unkoordinierte Stimmengewirr in ein tausendfach skandiertes „Victory of Chemistry!" über.

Allister sagte zu Maas: „Now, it has happened." Als die Kamera die Hände mit der Glasrohrzelle ein wenig zu stark in den Zoom nahm und man deren Zittern sah, da wußte auch Jürgen Maas, daß dies kein Einfall des eher unbedarften Cox gewesen sein konnte. Hier hatten eindeutig das Rosenstocksche Gespür für die Größe der historischen Stunde und sein Wille Regie geführt, diesen Triumph auszukosten. Da sich dies schlecht mit der redlichen Bescheidenheit vereinbaren ließ, die Rosenstock zur Schau trug, überließ er diesen Part gekonnt seinem jüngeren Kollegen.

Der Rest des Vortrages, der im Vergleich zu Rosenstocks Teil rhetorisch stark abfiel, enthielt keinerlei wesentliche Informationen, die über den Kenntnisstand von Jürgen Maas hinausgegangen wären. Beim Nachweis der Fusionsprodukte ging Cox allerdings nur auf die nach Michels Ansicht fragwürdige Neutronenzählung ein und erwähnte den Gammapeak mit keiner Silbe. Jürgen registrierte dies mit tiefer Befriedigung und wertete es als ein Indiz dafür, daß Rosenstock mindestens in diesem Punkte eine Schlappe erlitten hatte.

Auch für Derek Cox spendierte das Publikum frenetischen Applaus. Die ersten wollten sich gerade von ihren Plätzen erheben, als die Kamera erneut einen Mann erfaßte, der durch den Spielereingang, wie zuvor Rosenstock und Cox, das Stadion betrat und auf das Rednerpult zueilte. Er mochte um die fünfzig sein und trug einen dunklen Nadelstreifen-Zweireiher. In der Brusttasche des Jacketts steckte, säuberlich gefaltet, ein weißes Tuch. Jürgen war ein wenig verblüfft – so lief kein Wissenschaftler herum, selbst wenn er zum Establishment gehörte! Als der Redner das Pult erreicht und die Kamera seinen Kopf mit der eleganten randlosen Brille und dem tadellos gezogenen Scheitel ins Visier genommen hatte, begann er: „Ladies and Gentlemen, ich bitte Sie alle noch für einen Augenblick um Ihre Aufmerksamkeit. Mein Name ist Larry Repman, ich bin Vizepräsident für Forschung und Entwicklung bei General Power. GP ist weltweit führend im Bau von Kraftwerken engagiert, und ich bin heute zu Ihnen gekommen, um Ihnen eine Neuigkeit mitzuteilen, die wir bis jetzt streng geheimgehalten haben. Zuvor hoffe ich aber, in Ihrer aller Namen zu sprechen, wenn ich die Gelegenheit nutze, den Professoren Werner Rosenstock und Derek Cox noch einmal herzlich für ihren nicht nur brillanten, sondern wie ich meine, wohl historischen Vortrag zu danken."

An dieser Stelle wurde er keineswegs unerwartet durch den erneut einsetzenden Beifall unterbrochen. Jürgen Maas hatte inzwischen schon so viel über die in diesem Lande herrschenden Spielregeln gelernt, daß er spontan erkannte, was für ein genialer Schachzug von Rosenstock es war, sich zum Abschluß ausgerechnet noch von einem prominenten Industrievertreter feiern zu lassen. So mußte auch der letzte Skeptiker in diesem Stadion, falls es außer Allister überhaupt noch einen gab, vom praktischen Nutzen dieser Fusion überzeugt sein. Jürgen war von diesem Überraschungsschlag derart fasziniert, daß er die Andeutung einer Neuigkeit schon wieder vergessen hatte, als Repman fortfuhr: „Ich bin sicher: Trotz Ihrer Begeisterung, die auch ich teile, hätten viele von Ihnen heute gern noch mehr technische Einzelheiten gehört. Ich bitte Sie deshalb im Namen von Werner Rosenstock und Derek Cox aufrichtig um Verständnis dafür, daß dies aus Gründen, die Ihnen einleuchten werden, leider nicht möglich war."

Mit einem Seitenblick auf Allister vergewisserte sich Jürgen davon, daß nun auch dieser seine kühle Distanz verloren hatte und voller Spannung auf die weiteren Erklärungen wartete.

„Unser Unternehmen, General Power, meine Damen und Herren, hat, aufbauend auf dem Know-how des Enrico Fermi, die ersten Kernspaltungskraftwerke in diesem Lande errichtet – und ich bin heute autorisiert, Ihnen mitzuteilen, daß wir auch die ersten sein wollen, die mit dem Know-how von Werner Rosenstock Kraftwerke für kalte Fusion bauen werden."

Hier legte er bewußt eine Pause ein, da es einige Sekunden dauerte, bis jeder im Stadion die Tragweite dieses nüchternen Satzes erfassen konnte, bevor ein Beifallssturm ausbrach, der an Intensität alle Ovationen dieses Abends übertraf. Jürgen Maas war wohl einer der letzten, die in den Beifall einstimmten, so sehr hatte ihn diese Offenbarung schockiert. Es war ja schlicht unmöglich, daß sich dieser Larry Repman das alles nur ausgedacht hatte oder gar aus reiner Gefälligkeit gegenüber Rosenstock verkündete. Nein, da der Mann keineswegs den Eindruck vermittelte, als wolle er mit diesem Auftritt seinen zweifellos bestens dotierten Job verlieren, war diese Ankündigung – heute und hier – offensichtlich durch einen Beschluß des gesamten Vorstandes abgesegnet. Dann mußte es aber auch knallharte Fakten und Erkenntnisse geben, die einen solchen mehr als ungewöhnlichen Schritt eines großen und bedeutenden Unternehmens rechtfertigten.

Jürgen Maas wurde fast schwindelig bei solchen Gedanken, als der Beifall langsam verebbte und Repman weitersprach: „Wir, General Power, haben gemeinsam mit Rosenstock und Cox alle erforderlichen Patente angemeldet. Sie werden aber sicher verstehen, daß wir uns bis zu deren Erteilung in einigen Details noch bedeckt halten müssen. Ich bin jedoch befugt, Ihnen mitzuteilen, daß wir noch in diesem Jahr 50 Millionen Dollar für die weitere Erforschung und Entwicklung dieser neuen Form der Energiegewinnung ausgeben werden. Von den Ergebnissen der kommenden Monate wird es abhängen, wie schnell und mit welchem Einsatz wir in den nächsten Jahren voranschreiten werden."

Nach diesen Worten verließ Larry Repman unter erneutem Applaus das Rednerpult, schritt auf Werner Rosenstock zu, der noch immer auf dem Podium stand, schüttelte diesem freundschaftlich die Hand, und beide verschwanden kurz darauf mit Cox wieder im Spielertrakt des Stadions.

Als sich Jürgen Maas mit Allister schweigend auf den Heimweg machte, wußte er nicht, ob er lachen oder weinen sollte. Er war zum ersten Mal in seinem Leben in die Staaten gereist, und dies gleich, um in kindlich selbstbewußter Naivität diese amerikanische Ikone Rosenstock herauszufordern. Wie stand er jetzt da? Bei wem konnte er sich morgen noch sehen lassen? Am besten würde es sein, sich in irgendeinem Vortragssaal zu verstecken, wo ihn noch niemand kannte, was nicht allzu schwer sein dürfte. Sollte er Trosa anrufen, damit sie ihre Veröffentlichung zurückziehen konnten? Der lag jetzt aber im tiefsten Nachmitternachtsschlaf! Außerdem war Maas immer noch davon überzeugt, daß ihre Berliner Experimente und Messungen korrekt waren. Indirekt hatten das ja wohl auch Rosenstock und Cox zugegeben, indem sie nicht mehr von diesem Gammapeak gesprochen hatten. Andererseits erinnerte er sich mit neu aufkeimendem Schmerz daran, daß er schon vor einem Jahr Trosa Experimente zu dieser Kernfusion vorgeschlagen hatte. Nun stand ja wohl fest, daß es diese Fusion wirklich gab! Er mußte sich auch eingestehen, daß er daran im Grunde nie gezweifelt hatte. Das nützte ihm jetzt allerdings gar nichts mehr. Er konnte nicht einmal irgend jemandem erzählen, daß er schon ein Jahr vor der Rosenstockschen Pressekonferenz an diese Fusion gedacht hatte. Jeder würde das für die billigste Form von Anbiederung oder Rechtfertigung halten, nachdem er sich gegen die Fusion so weit zum Fenster hinausgelehnt hatte, daß er schließlich ganz herausgefallen war.

Allister konnte zwar nur einen Teil der Gedanken erahnen, mit denen sich Jürgen Maas quälte, aber dies genügte ihm schon, um ein tiefes Mitgefühl zu empfinden und ihn vorerst nicht mit weiteren Kommentaren oder Fragen zu belästigen. Er selbst stand der Fusion ja auch sehr skeptisch gegenüber. Aber er hatte nichts in dieser Richtung publiziert, während dieser arme Junge nun damit rechnen mußte, sich schon mit einer seiner ersten Veröffentlichungen lächerlich zu machen – noch bevor sie erschienen war.

Jürgen war froh, als Allister mit dem Versuch eines Trostes endlich das Schweigen brach: „Ted, ich kann mir denken, wie dir zumute ist. Ich gebe zu, mich hat diese Erklärung von Larry Repman auch reichlich verwirrt. Ich möchte ja immer noch glauben, daß diese Fusion ein Hirngespinst ist, aber das fällt mir jetzt doch ziemlich schwer. Es gibt sie wohl doch. Aber wenn es sie gibt, dann muß Rosenstock verdammt viel mehr wissen, als er bisher gesagt und geschrieben hat. Ja, ich kann eigentlich nur dann an diese Fusion glauben, wenn ich davon ausgehe, daß alle bisherigen Verlautbarungen von Rosenstock nichts anderes sind als bewußte Irreführung, damit sie ihre Patente möglichst ungestört sichern können. Wenn das aber so ist, dann gibt es auch jetzt nicht den geringsten Grund dafür, daß du dir wegen deiner Arbeit mit Trosa irgend etwas vorwirfst. Im Gegenteil, es ist euer Verdienst, gezeigt zu haben, daß die Buchstaben der Rosenstockschen Publikation mit einer Fusion auch dann nichts zu tun haben, wenn es diese tatsächlich geben sollte. Ihr bleibt die ersten, die erkannt haben, daß die Veröffentlichung bestenfalls eine Irreführung war. Eines steht für mich nämlich fest: Wenn es diese Fusion wirklich gibt, dann muß man sie experimentell ganz anders realisieren, als es Rosenstock und Cox beschrieben haben. Wie, das darfst du mich allerdings nicht fragen."

Jürgen Maas empfand tiefe Dankbarkeit für diese so einleuchtend logische und trostreiche Erläuterung. Ohne Allister hätte er sich in diesem Amerika wirklich gleich begraben lassen können. Natürlich: Wenn diese Fusion wirklich irgendwie funktionierte, dann änderte dies nicht das geringste an der Tatsache, daß sie *nicht so* funktionierte, wie es Rosenstock beschrieben hatte. Zu Allister sagte er: „Nach dem heutigen Abend bin ich froh, daß wir in unserer Arbeit die Existenz der Fusion nicht explizit ausgeschlossen, sondern lediglich gezeigt und behauptet haben, daß die publizierten Ergebnisse auch ohne Fusion erklärt werden können."

„Na, siehst du", freute sich Allister über die Wirkung seiner Worte, „es gibt wirklich keinen Grund zur Aufregung. Wenn ich darüber nachdenke, dann fällt mir erst jetzt auf, daß die beiden heute abend noch wesentlich weniger gesagt haben als in ihrer Veröffentlichung steht. Das spricht doch sehr für meine Theorie der Irreführung."

Inzwischen hatten sie das Hotel erreicht, in dem Allister wohnte, und dieser schlug vor: „Komm Ted, laß dein Auto nachher hier stehen und nimm ein Taxi zu deinem Wohnheim. Ich habe das Gefühl, du kannst jetzt noch einen guten Whisky an der Bar vertragen."

Dieser vernünftigen Einsicht wollte sich Jürgen auf keinen Fall verschließen. Da er zu Allister wirklich Vertrauen gefaßt hatte, gestand er ihm beim zweiten Whisky, daß Trosa und Michel mit ihm beschlossen hatten, trotzdem an der kalten Fusion weiterzuarbeiten. „Und jetzt erst recht!" bekräftigte er mit dem Glas in der Hand.

Im Kongreßbüro befand sich eine Pinwand, die man benutzen konnte, um anderen Teilnehmern eine Nachricht zukommen zu lassen. Diese Einrichtung erlaubte es Jürgen Maas am folgenden Tag, sich mit John Lawson in Verbindung zu setzen, und er verabredete sich mit ihm für den Abend in einer Pizzeria.

Ansonsten verbrachte er den Tag in einer Vortragssitzung, die sich mit Korrosionsproblemen beschäftigte. Wie er gehofft hatte, kannte ihn dort keiner, und einige der Vorträge fand er ganz interessant, weil sie sich mit der Methode der Schallemission beschäftigten, die sie für ihre weiteren Fusionsuntersuchungen einsetzen wollten. Da er dabei seinen Optimismus allmählich zurückgewonnen hatte, beschloß er, Trosa jetzt nicht mit einem Anruf zu verunsichern, sondern ihn erst nach seiner Rückkehr über die Neuigkeiten des gestrigen Tages zu informieren.

John erschien pünktlich in der Pizzeria und hatte Jürgen mit seiner amerikanischen Spürnase in dem gut gefüllten Restaurant sofort entdeckt. Er verfügte auch über jenes Minimum an Kenntnis der deutschen Sprache, das es ihm erlaubte, seinen Freund mit dessen ersten Vornamen anzureden: „Jürgen, ich freue mich wirklich, dich wiederzusehen. Es ist eine Menge passiert, seit wir uns in Lyon getroffen haben."

„Das kannst du laut sagen. Und ich bin heilfroh, jetzt endlich jemanden zu treffen, der mir hoffentlich eine Menge Fragen beantworten kann. Ich muß dir nämlich gestehen, diese ganze Fusion kommt mir allmählich vor wie dieses fraktale Apfelmännchen. Wenn du dich da hineinzoomst und eine Vergrößerung nach der anderen rechnest, weißt du am Ende auch nicht mehr, wo du dich in dieser sonderbaren Mandelbrot-Menge eigentlich befindest."

„Gefällt mir ganz gut, dein Vergleich. Du solltest Schriftsteller werden, das liegt euch Deutschen doch!"

Gar keine so üble Idee, dachte Jürgen, wenn ich mich am Ende mit dieser Fusion doch noch ruiniere...

„Also, wo fehlen dir die Fixpunkte zur Orientierung?" ermunterte ihn John. „Ich hoffe, daß ich selber noch halbwegs durchblicke. Manches ist auch mir schleierhaft."

Jürgen wollte sich langsam herantasten, also begann er vorsichtig: „John, Cox hat gestern den Gammapeak nicht mehr erwähnt. Hängt das mit unserer Berliner Arbeit zusammen?"

„Ganz sicher. Das war sehr merkwürdig. Dein Trosa hat Rosenstock ja das Manuskript geschickt. Ich möchte wetten, daß die beiden das sofort gelesen haben. Sie haben es aber niemandem erzählt. Statt dessen hat Rosenstock ein paar Leute zusammengetrommelt und ihnen erklärt, daß man die Gammamessung wahrscheinlich zurückziehen werde. Dann gab er die Geschichte mit dem Wismut-214 zum besten, als sei er gerade eben selber darauf gekommen."

„Was hat Cox dazu gesagt? Damit können sich die beiden doch nicht durchmogeln, denn sie haben das Manuskript erst erhalten, nachdem es Trosa schon eingereicht hatte."

„Cox? Der sagt fast überhaupt nichts mehr. Der ist zu einer reinen Marionette in der Hand von Rosenstock entartet." Er sagte tatsächlich *entartet.* „Vielleicht hofft Rosenstock darauf, er könne ihr Manuskript, das ja noch nicht erschienen ist, vor der Veröffentlichung noch einmal revidieren. Weiß der Henker, was die sich denken."

„Nun, als ich Rosenstock gestern erlebt habe, hatte ich auch den Eindruck, daß er nicht einmal bei Nebensächlichkeiten ein guter Verlierer ist“, dachte Jürgen laut. „Dabei ist der Gammapeak nicht einmal unbedeutend, wenn man die Wackeligkeit der direkten Neutronenmessung bedenkt.“

„Wie gesagt, weder Rosenstock noch Cox haben mir euer Manuskript gezeigt. Das kann ich auch nicht erwarten, denn ich bin an den Fusionsarbeiten nicht direkt beteiligt. Das ist übrigens eines meiner Probleme: Wie du weißt, befasse ich mich in meiner Doktorarbeit mit der photoelektrochemischen Erzeugung von Wasserstoff. Dazu hatte Cox früher wirklich sehr überzeugende Ideen. Seit dieser Fusionsgeschichte komme ich mir aber wie ein wissenschaftliches Waisenkind vor, denn an Cox ist nicht mehr heranzukommen. Zum Glück hattest du mir euer Manuskript direkt gemailt. Nachdem ich es gelesen hatte, war mir klar, daß die beiden die ganze Radiochemie zu leicht nehmen. Die haben nur noch diese Überschußwärme im Kopf.“

„Nun, wenn ich den Auftritt von Larry Repman gestern abend richtig deute“, klopfte Jürgen auf den Busch, „dann ist dies ja der mit Abstand interessanteste Aspekt an der Sache. Ich bin schon ganz scharf drauf, nach dem Meeting an eurem Institut so ein paar richtig heiße Zellen zu sehen!“

„Jürgen“, wand sich John ein wenig gequält, „ich fürchte, das wird nicht so einfach sein.“

„Was soll das heißen? Du willst mir doch nicht erzählen, daß die Industrie 50 Millionen Dollar ausspuckt, wenn es bei euch keine wirklich funktionierenden Fusionszellen zu sehen gibt. Daß man die nur mit Tricks in Gang bringt, über die Rosenstock und Cox schweigen wie ein Grab, weiß ich inzwischen auch. Ich bin wirklich kein Werkspion, ich will nicht wissen, wie die das machen, ich will nur einmal eine richtige, anständige Überschußwärmebilanz mit eigenen Augen sehen.“

„Jürgen, das verstehe ich schon. Nur bin ich fast sicher, daß es im ganzen Institut keine einzige funktionierende Zelle mehr gibt.“

„Wie soll ich denn das nun wieder verstehen?“

„Wenn ich ganz ehrlich bin, dann muß ich dir gestehen, daß ich lange Zeit keine einzige funktionierende Zelle mit eigenen Augen gesehen habe. Die haben von Anfang an ein Riesengeheimnis aus der Sache gemacht. Deshalb ist Cox ja auch so fertig – er mußte sicher alle Experimente ohne fremde Hilfe machen. Nach der Pressekonferenz waren die beiden vorübergehend etwas mitteilsamer und haben wenigstens uns Institutsleuten die Zellen und die Wärmebilanzen gezeigt. Jürgen, das war auf Anhieb überzeugend. Schön, die Wärmebilanzen sind etwas trickreich; da wird eine Menge mit den gemessenen Temperaturen herumgerechnet, bis der Computer die wirkliche Wärmeproduktion ausspuckt. Aber da liefen im Labor mehrere identische Zellen unter absolut gleichen Bedingungen. Während einige nur eine Temperatur von 42 Grad aufwiesen, zeigten andere über 80 Grad und in einer Zelle kochte der Elektrolyt sogar. Ich sage dir, da ist schon etwas dran, nur geben sie selbst zu, daß sie große Probleme haben, die Ergebnisse zu reproduzieren, und eigentlich nicht genau wissen, warum es mit der einen Zelle manchmal funktioniert und mit der anderen nicht. Seit nun diese Untersuchungskommission der Physiker bei uns herumgeistert, ist alles wieder hermetisch abgeriegelt. Deshalb muß ich dich enttäuschen – mit deinem Besuch wird es nichts werden, denn Cox hat allen verboten, Fremde mit ins Institut zu bringen."

Jürgen war von dieser unerwarteten Wendung der Dinge nun doch sehr enttäuscht: „Dann werde ich auch weiterhin auf Treu und Glauben angewiesen sein. Das ist mehr als bitter! Siehst du wirklich keine Möglichkeit?"

„Ich fürchte, nein. Aber ich kann dich trösten. Als Repman gestern sagte, der Deal sei bis jetzt geheim geblieben, war das nicht die volle Wahrheit. Im Institut hatten wir schon früher davon Wind bekommen, denn seitdem ist Rosenstock bei uns kaum noch anzutreffen. Ich weiß, daß es bei uns vor einiger Zeit wirklich Zellen mit seltsamer Wärmeentwicklung gab. Inzwischen hat Rosenstock die aber alle abgebaut und zu Repman in die Labors der General Power gebracht. Soweit ich das mitbekommen habe, wird schon längere Zeit mit verschiedenen Palladiumsorten experimentiert. Jetzt sind nur noch die absolut toten Kästen bei uns im Institut."

„Nun, wenn das so ist, wird sich mein Aufenthalt in den Staaten wohl etwas verkürzen", stellte Jürgen ernüchtert fest.

John hatte aufrichtiges Mitleid mit seinem Freund und schlug ihm sozusagen als Wiedergutmachung vor, am Wochenende das in der Nähe gelegene Weltraumzentrum zu besuchen. Jürgen war sofort begeistert: „Vor ein paar Monaten habe ich auf dem Kolloquium einer chemisch-technischen Gesellschaft bei uns in Frankfurt den faszinierenden Vortrag eines deutschen Wissenschaftsastronauten gehört, der hier in Houston seine Ausbildung absolviert hat. Da ich trotz deiner erkennbaren Skepsis eigentlich fest davon überzeugt bin, daß es mir doch noch gelingen wird, diese Fusion zu fassen, wird sich uns beiden vielleicht noch eine völlig neue Karriere eröffnen: Wir könnten ja die ersten sein, die mit der kalten Fusion als Energiequelle ins All fliegen!"

IX

Gegen acht Uhr erschien Stefan Trosa im Institut. Vor wichtigen Ereignissen fühlte er sich meist blendend und war voller Optimismus, denn im Grunde seines Herzens genoß er die eher seltenen Gelegenheiten, bei denen er als Fachmann gefragt war. Und der heutige Tag würde eine besondere Herausforderung werden, galt es doch, seine in den letzten Wochen gewonnenen Erkenntnisse und Überzeugungen vor einem Gremium handverlesener Experten im Beisein des Forschungsministers zu verteidigen. Das Hearing war auf zwei Uhr nachmittags im Ministerium angesetzt. Er konnte deshalb ohne Zeitdruck mit dem Auto nach Bonn fahren und unterwegs Hans Michel am Frankfurter Flughafen abholen.

Einziger Tagesordnungspunkt war die Frage, ob die Bundesregierung ein spezielles Forschungsprogramm für die Kalte Fusion auflegen solle. Trosa war sich bewußt, daß es auch Befürworter im Lande gab, und es würde sich zeigen, ob diese im Vorfeld erfolgreich versucht hatten, einige der Teilnehmer des Hearings auf ihre Seite zu ziehen. Längst war ein weltweiter Wettstreit entbrannt, und manche Länder hatten die Finanzierung nationaler Forschungsvorhaben auf diesem Gebiet verkündet. Der Minister war politisch in keiner beneidenswerten Lage. Wenn er jetzt Geld ausgäbe und sich die Fusion als Flop erwiese, würde er harte Kritik riskieren und müßte sich die Verschwendung von Steuergeldern vorwerfen lassen. Reagierte er aber vorsichtig und zurückhaltend, würde man ihn sofort des Verpassens einer großen nationalen Chance bezichtigen, sobald diese Fusion irgendwo überzeugend bestätigt worden wäre. Trosa war deshalb zu dem Schluß gekommen, daß es wohl das beste sei, ohne vorgefaßte Meinung nach Bonn zu fahren und seine Empfehlung vom Verlauf der Diskussion abhängig zu machen.

Frau Lohrbach hatte ihm den Kaffee serviert, und er war mit dem Ordnen seiner Papiere für die Sitzung beschäftigt, als ihm diese Gedanken durch den Kopf gingen. Dabei schwand allmählich seine Sicherheit. Was er gestern noch für diplomatisch geschickte und wissenschaftlich begründete Unvoreingenommenheit gehalten hatte, erschien ihm mit einem Mal als Entscheidungsschwäche. Was hatte er sich eigentlich eingebildet? Er als Professor kassierte sein Beamtengehalt doch nicht dafür, daß er im Absicherungsbedürfnis seiner Entscheidung mit dem Minister konkurrierte. Seine Existenz war nicht von Wahlergebnissen abhängig. Von ihm durfte man doch erwarten, daß er sich inzwischen eine klare Meinung gebildet hatte. Dieses Hearing war einberufen worden, um dem Minister die Entscheidung zu erleichtern, die dieser dann allein zu verantworten hatte. Seine politische Zukunft hing davon ab, ob es ihm gelang, nicht schon morgen als falsch erkennbare Entscheidungen zu treffen. Keiner der anderen Beteiligten riskierte seine Karriere, wenn sich später herausstellte, daß sie sich geirrt hatten. Durfte er, Trosa, da einfach hingehen und seine Empfehlung von den Argumenten der anderen abhängig machen?

Als das Telefon klingelte, überkam ihn ein leichter Groll. „Warum stellt Frau Lohrbach das Gespräch durch?" dachte er ungehalten. Sie mußte doch wissen, daß er jetzt nicht gestört sein wollte. Seine Verärgerung schlug jedoch blitzartig in Begeisterung um, als sie ihm ankündigte, daß Jürgen Maas in der Leitung sei. Da drüben war ja noch tiefste Nacht. Der Junge mußte sich extra den Wecker gestellt haben, um ihn noch vor seiner Abreise im Büro zu erreichen. Das konnten nur interessante neue Nachrichten sein, dachte Trosa.

„Herr Professor", meldete sich Jürgen, „ich wollte Sie vor Ihrem Hearing nur darüber informieren, daß hier in den USA inzwischen auch zwei andere Gruppen unsere Ergebnisse bestätigt haben. Ich dachte, das interessiert Sie bestimmt."

Und ob ihn das interessierte. Dann berichtete Maas über die Arbeiten am MIT und am CalTech, von denen er in der Zeitung gelesen hatte. Gleichzeitig richtete er Grüße von Professor Allister aus, der ihm auch weitere Einzelheiten der Arbeit von McLloyd am CalTech erzählt hatte. Äußerst erfreut war Trosa darüber, daß auch dort das Wismut-214 als Ursache für den Gammapeak erkannt worden war.

„Das wird den lieben Michel aber aufrichtig freuen!" sagte er dankbar. „Wann wird denn der so heiß erwartete Vortrag von Rosenstock stattfinden?"

„Heute abend, also in etwa achtzehn Stunden", bekam er zur Antwort.

Trosa wünschte Maas noch viel Vergnügen, ermahnte ihn noch einmal, überall die Ohren aufzusperren, und legte ihm erneut den Besuch bei Cox ans Herz, bevor sie das Gespräch beendeten. In achtzehn Stunden, dachte er, ist unser Hearing in Bonn längst vorbei. Es gibt also keine Chance, vorher noch einen aktuellen Bericht über Rosenstocks Vortrag zu bekommen. Vielleicht ist das auch gut so, denn dann wird in der anschließenden Pressekonferenz, die das Ministerium angekündigt hatte, auch kein noch so blitzschneller Journalist mehr wissen können als wir, überlegte Trosa. Für ihn stand jetzt endgültig fest, wie er sich in Bonn verhalten würde.

Es war kurz vor zehn Uhr, als er sich von Frau Lohrbach verabschiedete, die ihm viel Erfolg wünschte. Noch bevor Trosa die Autobahn in Durlach erreichte, stellte er zufrieden fest, daß die Verkehrsnachrichten keinerlei für ihn relevante Meldungen enthielten. Gegen seine Gewohnheit fuhr er ziemlich gemächlich auf der mittleren Spur der tatsächlich staufreien dreispurigen A5 in Richtung Bruchsal, um in Ruhe noch ein wenig seinen Gedanken nachzuhängen. Der Anruf von Jürgen Maas hatte ihm mehr Bestätigung gegeben, als er sich zu benötigen eingestand. Es war nämlich in den letzten Tagen keineswegs alles so gelaufen, daß er und Michel sich schon endgültig als Sieger fühlen durften. Freilich, alle Reaktionen, die er bisher auf ihr Manuskript erhalten hatte, waren positiv und voll zustimmender Anerkennung gewesen. Er wußte nun auch, daß Allister, an dessen Urteil ihm sehr gelegen war, auf seiner Seite stand. Die meisten Bestätigungsmeldungen, die man immer noch fast ausschließlich der Presse entnehmen mußte, hatten ihn deshalb nicht weiter beunruhigt.

Vor einigen Tagen war jedoch aus seriösen Quellen durchgesickert, daß Sergio Brione, der in Venedig eine Professur für Elektrochemie innehatte, eine Bestätigung der Kalten Fusion verlautbart hatte. Den konnte er nicht wie manch anderen als unqualifizierten Wichtigtuer beiseiteschieben.

Etwa einhundert Kilometer nordöstlich von Rom führt ein langer Autobahntunnel durch das Massiv des Gran Sasso. Mitten im Berg haben die Italiener neben dem Tunnel eine große Kaverne angelegt, in der schon seit Jahren hochinteressante physikalische Experimente laufen. Diese Versuchshöhle voller empfindlichster Meßgeräte ist auch bei ausländischen Forschern beliebt, weil ein großer Teil der sonst allgegenwärtigen kosmischen Höhenstrahlung dort durch eine mehr als tausend Meter dicke Gesteinsschicht abgeschirmt wird. Ein wegen seiner aufwendigen und raffinierten chemischen Analysentechnik auch für Trosa sehr faszinierendes Experiment, das von der Europäischen Union finanziert wird, dient der Untersuchung der Neutrinos in der kosmischen Höhenstrahlung. Neutrinos sind elektrisch ungeladene Elementarteilchen mit einer wahrscheinlich nur sehr geringen Ruhemasse. Sie durchdringen die dicke Gesteinsschicht mühelos, während schwerere und geladene Teilchen, die sonst alle Messungen stören, zurückgehalten werden. Die Frage nach der Natur, vor allem der Ruhemasse, der Neutrinos interessiert besonders die Kosmologen: Die Antwort läßt Rückschlüsse darauf zu, ob sich unser Weltall in einem dem Urknall entgegengesetzten Prozeß wieder zusammenziehen kann.

In diesen für die Wissenschaft heiligen Berg hatte sich nun auch Sergio Brione begeben, um möglichst ungestört durch die Höhenstrahlung nach den Neutronen der Kalten Fusion zu suchen – und behauptet, sie gefunden zu haben! Deren Anzahl war freilich auch dort so klein, daß der krasse, diese sonderbare Fusion kennzeichnende Widerspruch zwischen Wärmeentwicklung und extrem geringer Neutronenbildung auch weiterhin bestehen blieb. Das beruhigte Trosa zwar etwas, war aber natürlich kein Argument gegen die Annahme einer völlig neuen Kernreaktion.

Der Kofferraum eines Autos, der plötzlich vor Trosa auftauchte und ihn zur Vollbremsung zwang, katapultierte ihn vom Gran Sasso schlagartig wieder zurück in die Realität der A5.

Er hatte inzwischen das Walldorfer Kreuz passiert, und die Verkehrsdichte war merklich angestiegen. Was hatte Trosa doch kürzlich beim Besuch der Forschungsabteilung eines großen Automobilherstellers gelernt? Genau dies mußte die sogenannte kritische Fahrzeugdichte sein, bei der eine einzige scharfe Bremsung wie eine Kettenreaktion einen kilometerlangen Stau auslösen konnte. Staus entstehen nämlich nicht nur durch echte Verkehrshindernisse wie Baustellen oder Unfälle, sondern können sich oberhalb einer kritischen Verkehrsdichte auch ganz spontan bilden. Die komplizierten Differentialgleichungen, mit denen Verkehrsforscher Staus berechnen, hatten ihn damals sehr beeindruckt – aber auch ernüchtert. Imponierend fand er, wie man Erkenntnisse der Chaosforschung und der Physik der Phasenumwandlungen auf die Theorie des Staus übertrug. Deprimierend dagegen war das sich aus dieser Theorie ergebende Phänomen der Ziehharmonika: Löste sich ein solcher spontaner Stau am Kopf wieder auf, dann bildete er sich in aller Regel nach fünf bis zehn Kilometern aufs neue. Auf den Videoaufnahmen des Polizeihubschraubers hatte so ein Stau tatsächlich wie eine Ziehharmonika ausgesehen! Und immer, wenn sich ein Stau nicht nach einem erkennbaren Hindernis auflöste, argwöhnte Trosa seitdem, daß er nach spätestens zehn Kilometern wieder in der Falle sitzen würde. Es ist schon so, dachte er frustriert, daß keineswegs jedes Wissen eine wirkliche Erleichterung des Lebens bedeutet.

Diesmal war er mit großer Wahrscheinlichkeit selbst zum Stauverursacher geworden. Zum Glück würde sich die Wirkung seiner Träumerei erst weit hinter ihm zeigen!

Als seine schlotternden Knie wieder an Stabilität gewonnen hatten und sein Adrenalinspiegel auf ein halbwegs normales Maß abgesunken war, beschloß Trosa, dieses, wie er es nannte, *american highway dreaming* einzustellen. Für seinen normalen Fahrstil hatte er drei schlichte Regeln aufgestellt:

1. Wenn es Beschilderung und Verkehrssituation erlauben, wird zweihundert gefahren.
2. Die linke Spur wird nur verlassen, wenn die Leistungsgrenze des Motors eine Flucht nach vorn unmöglich macht, oder wenn innerhalb einer Geschwindigkeitsbegrenzung ein Hasardeur eindeutig erkennen läßt, daß er um jeden Preis seinen Führerschein riskieren will.
3. Unter Einsatz aller verfügbaren PS wird der vorgeschriebene Sicherheitsabstand zum Vordermann eingehalten, aber unter keinen Umständen überschritten, da dies eine Behinderung des nachfolgenden Verkehrs darstellt.

Wenigstens müde konnte er dabei nicht werden, weil er sich so stets voll auf das Autofahren konzentrieren mußte.

Im übrigen hielt er seine Regeln für vernünftig und fair, ahnte aber insgeheim, daß die Mehrheit im Lande anderer Meinung war.

Als besonders schwierig erwies sich die Einhaltung von Regel 3: Ein korrekter Abstand wurde ungeniert von gewissenlosen Gesellen mißbraucht, die sich in jede Lücke drängelten, wenn sie in Heidelberg die Chance witterten, einen Lkw bis Darmstadt überholt zu haben. Seit Jahren schon hoffte Trosa sehnlichst darauf, daß sich eines Tages jemand kurz vor einer Abstandskontrolle vor sein Auto setzen möge, damit er ihn gnadenlos bis in die letzte Instanz verfolgen könnte.

Als Trosa am Frankfurter Kreuz auf die A3 wechselte, um Hans Michel am Flughafen abzuholen, meldete der Verkehrsfunk auf der A5 in Richtung Darmstadt hinter dem Kreuz Walldorf einen vier Kilometer langen Stau wegen hohen Verkehrsaufkommens. Diesmal wollte sich bei Stefan allerdings gar keine Genugtuung darüber einstellen, daß er nicht selbst in diesem Stau stand – eher ein leises Schuldbewußtsein...

Die Flieger aus Berlin wurden fast immer am Gate B42 abgefertigt, unweit der zentralen Abflughalle mit den Abgängen zur Tiefgarage, wodurch man sich lange Wege und den unvermeidlichen Groll über die schon vor Jahren erfolgte Demontage der Laufbänder ersparte. Außerdem konnte man sich dort nicht verfehlen.

„Es vermittelt gleichsam ein Gefühl von Geborgenheit, wenn man von jemandem abgeholt wird, der den Flughafen kennt wie seine eigenen vier Wände“, begrüßte Hans Michel strahlend seinen Freund, den er unmittelbar beim Verlassen des Gates erspäht hatte. Wenige Minuten später saßen beide im Auto und folgten der A3 in Richtung Köln. Stefan berichtete kurz über den Anruf von Jürgen Maas und wollte dann gleich wissen, was Hans von Briones Messungen im Gran Sasso hielt, da er fürchtete, daß ihnen diese heute nachmittag entgegengehalten würden.

„Lieber Freund“, meinte Hans, „du solltest dich nicht mit meinen Sorgen belasten, insonderheit dann nicht, wenn ich die Wucht der Keule auf die Wirkung eines Streichholzes reduzieren werde.“ – „Nun,“ ergänzte er etwas kleinlauter, „nicht jede Metapher kann auf Anhieb als gelungen gelten, zumal man auch mit einem Streichholz ein gefährliches Feuer legen kann. Ich lasse mich wirklich ungern verhauen und habe mir deshalb das Manuskript beschafft. Diese Höhlenbewohner haben wirklich imponierend empfindliche Geräte installiert, und sie verstehen ihr Handwerk auch, aber solch abartige Fusionsneutronen haben sie eben auch noch nie gesucht. Ich muß es dir immer wieder einschärfen: Wenn ein anständiger Physiker oder Radiochemiker von Fusion spricht, dann ist das mit einem echten Neutronenorkan verbunden, und um den zu messen, muß man sich nicht in ein Loch verkriechen. Kurzum – alles, was sie an Neutronen gezählt haben wollen, ist etwas mehr als die auch dort zu erwartenden, freilich äußerst geringen Störungen, aber wiederum sehr viel weniger, als man an der frischen Luft auch ohne Fusion messen würde. Das Problem besteht darin, daß es kein Gerät gibt, das bei derart minimalen Zählraten wirklich fehlerfrei arbeitet. Da muß nur einer im Abstand von fünf Metern mit einer brennenden Kerze an der Kiste vorbeigehen, schon hast du ein Signal. Ernsthaft: Schon der Stromstoß beim Einschalten eines anderen Gerätes in der Nähe ist eine Fehlerquelle. Weil Brione von deinem Rosenstock gehört hat, daß es sich um ein eher sporadisches Ereignis handelt, hat der Pfiffikus sich gedacht, daß man die Elektrode von Zeit zu Zeit etwas aufwecken könnte, indem man plötzlich den Strom vergrößert oder verringert. Das mag ja eine gute Idee sein. Was mir nicht gefällt, ist aber der Umstand, daß er Neutronen immer nur exakt beim Umschalten des Elektrolysestromes gesehen hat. Da soll er mir erst einmal beweisen, daß er da keine simplen Störungen der Elektronik als Neutronen verbucht hat! Nein, ich fasse zusammen: Auch diese Ergebnisse sind nicht hieb- und stichfest.“

„Nun, das war doch sehr geeignet, meine schon aufkeimenden Bedenken zu zerstreuen“, meinte Stefan anerkennend. „Gibt es sonst noch Neuigkeiten?“

„Nein, eigentlich nicht. Nur ist da noch ein Punkt, über den ich dich aufklären möchte, damit du nicht wieder, wie neulich beim Abendessen, in eine Überraschungsfalle tappst.“

„Wie neulich beim Abendessen"? Das klang in Stefans Ohren gefährlich ironisch. Dieser sich betont harmlos gebende Junggeselle hatte offenbar doch mehr mitbekommen, als Trosa recht sein konnte. Es schien ihm aber geraten, diesen Verdacht auf sich beruhen zu lassen und weitere Offenbarungen abzuwarten.

„Das Ministerium plant nach dem Hearing noch eine Pressekonferenz, und deshalb habe ich in meiner charmanten Art darum gebeten, daß auch Frau Domus eine Einladung bekommt. Sie wird direkt nach Köln fliegen und nach dem Hearing zu uns stoßen."

Stefan kam es sehr gelegen, daß er den konzentrierten Autofahrer vortäuschen konnte, der solche Nebensächlichkeiten nur ganz beiläufig zur Kenntnis nehmen mußte: „Das wird sie sicher gefreut haben."

Wie hat er das mit seiner charmanten Art gemeint? Wollte er bloß sagen, daß es ihm leichtfiel, die Ministerialbeamten um einen Gefallen zu bitten? Hatte sich dieser bemitleidenswerte Single am Ende selbst noch für Dagmar Domus erwärmt und wollte ihr seinen Charme beweisen? Oder war das alles die spitzbübische, komplizenhafte Anspielung eines Freundes, der mit diesem Gunstbeweis durchblicken lassen wollte, alles schon lange durchschaut zu haben? Es liegt in der Natur von Geheimnissen, daß diese oft ihrerseits Rätsel hervorbringen, deren Lösung durch offene Kommunikation sich strikt verbietet. Jedenfalls bewirkte diese Mitteilung, daß sich bei Stefan Trosa zum wissenschaftlichen Kampfgeist nun auch erwartungsvolle Vorfreude gesellt hatte, als sie in Bad Godesberg beim Forschungsministerium vorfuhren.

Die Sitzung fand in einem der im Untergeschoß gelegenen Besprechungsräume statt. Da sie gut eine dreiviertel Stunde zu früh gekommen waren, blieb genügend Zeit, in der Kantine noch einen Kaffee zu trinken und die anderen nach und nach eintreffenden Teilnehmer zu begrüßen. Überraschungsbegegnungen waren dabei ausgeschlossen, da die geladenen Experten im Einladungsschreiben genannt waren.

Eigentlich hätte Trosa recht gern den einen oder anderen vorab ein wenig nach seiner persönlichen Meinung befragt. Er war aber längst hinreichend erfahren in diesem Geschäft und seinen begleitenden Ritualen, um zu wissen, daß dies gegen alle guten Sitten verstoßen hätte. Die immer lockere Begrüßungskonversation vor einer Sitzung durfte sich um alles mögliche drehen, durchaus auch um berufliche Dinge und die Abstimmung künftiger lobbyistischer Aktionen auf anderen Gebieten, aber keineswegs um das eigentlich anstehende Thema. Es wäre Trosa nicht einmal leichtgefallen zu erklären, warum dies so war. Vermutlich hing es mit Fairneß und Selbstachtung zusammen. Man war als Experte geladen. Ein Experte hatte in seiner Meinungsbildung unabhängig zu sein; jeder Gedankenaustausch in letzter Minute hätte mangelnde Souveränität, Urteilsschwäche oder Absicherungsbedürfnis signalisiert. Wer sich solcher Untugenden auch nur verdächtig machte, der konnte sicher sein, zum letzten Mal zu einer wichtigen Diskussion geladen worden zu sein. Eine tuschelnde Gruppe von zwei oder drei Teilnehmern hätte bei den anderen womöglich den Verdacht einer unlauteren Koalitionsbildung geschürt. Daß solche Gespräche unter den Teilnehmern schon Tage vorher am Telefon geführt werden konnten, stand keineswegs im Widerspruch zu diesem strikten Verhaltenskodex. Das war eine andere Situation, da bildete man sich noch selbst eine Meinung – da war es nicht nur legitim, sondern sogar erwünscht, auch fremde Argumente aufzunehmen und zu verarbeiten. Wiederum nicht üblich war es, bei solchen Vorgesprächen schon endgültig durchblicken zu lassen, welche Position man später beziehen würde. Wer gegen diesen Grundsatz verstieß, stand bald in dem Ruf, den eigenen Vorurteilen stur und unbelehrbar erlegen zu sein. Trotz solcher Telefongespräche, die auch Trosa mit einigen geführt hatte, konnte er also beim besten Willen nicht wissen, welch abschließende Meinung die einzelnen Kollegen heute vertreten und welche Empfehlung sie geben würden. Eine Ahnung hatte er zwar; ob und inwieweit sich diese jedoch bestätigen würde, blieb bei solchen Treffen immer bis zur letzten Sekunde spannend.

Inzwischen hatten alle im Sitzungszimmer Platz genommen, ihre Unterlagen ausgebreitet und sich aus den vorbereiteten Thermoskannen mit Kaffee bedient, als Punkt zwei Uhr Doktor Hering, der als Abteilungsleiter im Ministerium unter anderem für die gesamte deutsche Energieforschung zuständig war, um Verständnis dafür bat, daß der Minister wegen eines dringenden Telefongespräches wohl erst in wenigen Minuten erscheinen werde.

Auch dieses Spiel war allen Anwesenden bestens bekannt – nur die Vorwände variierten. Keiner der Teilnehmer nahm jetzt ernsthaft an, daß der Minister vielleicht gerade mit dem Kanzler telefonieren könnte. Trotz allem Respekt vor der zeitlichen Belastung eines Spitzenpolitikers wäre ein Hinweis auf die vielen Termine ein absolut unangemessener Rechtfertigungsversuch dieser Taktik gewesen. Einer wie der anwesende Doktor Baumann, Vorstand eines großen Industrieunternehmens, in dessen Terminkalender auch nicht gerade gähnende Leere herrschte, hätte dies nur als beleidigende Arroganz werten können. Schon einleuchtender wäre dieses Zeremoniell mit der Regel des Protokolls zu erklären gewesen, wonach der Höchstrangige eines Treffens, in diesem Falle also der Minister, stets zuletzt zu erscheinen hatte. In Wahrheit steckt aber auch hinter dieser Regel ein tieferer Sinn, der sich als subtil getarnter Selbsterhaltungstrieb der politischen Klasse interpretieren läßt: Die Neigung, sich in der Politik zu engagieren, ist bei den meisten Menschen im Lande weit geringer ausgeprägt als ihre Überzeugung, es würde sich alles zum Besseren wenden, wenn diese ignoranten Politiker nur auf ihren Rat hörten. Dies führt zwangsläufig dazu, daß fast jeder die Gelegenheit eines persönlichen Gesprächs mit einem Mandatsträger geradezu als moralische Verpflichtung empfindet, diesem ein paar wohlmeinende Ratschläge zu erteilen. Das Risiko eines Politikers, Opfer dieses Gefühls der Mitverantwortlichkeit zu werden, steigt mit der sozialen Stellung seines Gesprächspartners. Deshalb sind gerade hochrangig besetzte Expertenrunden besonders gefährlich: Der Ratgeber ist meist der Ansicht, daß es die elementare Pflicht eines vom Volk legitimierten Amtsträgers sei, seine Anregungen auch aufzugreifen und umzusetzen. Nur selten zeigt er sich den Argumenten und Motiven gegenüber aufgeschlossen, die das politische Handeln bestimmen. Dies ist auch nicht zu erwarten – denn dann würden sich die meisten seiner Ratschläge von selbst erübrigen. Gespräche dieser Art mußten also über kurz oder lang mit der resignierten Verärgerung des ungebetenen Ratgebers enden. Da ein frustrierter Wähler immer ein Risiko bedeutet, zogen es die Politiker vor, deren Zahl durch Minimierung allzu persönlicher Gesprächsgelegenheiten möglichst gering zu halten.

Trosa war freilich ehrlich genug, um sich einzugestehen, daß auch er keineswegs frei war von der Versuchung des Besserwissenden. Auch er hätte mindestens zehn Vorschläge parat gehabt, die er dem Minister nur zu gern unterbreitet hätte. Dessenungeachtet bereitete es ihm stets ein intellektuelles Vergnügen, sich in die Situation anderer hineinzuversetzen und die Welt und ihre Probleme aus deren Sicht zu analysieren. In schwierigen Verhandlungen und Auseinandersetzungen hatte sich diese Fähigkeit schon oft als nützlich erwiesen. Sie ermöglichte es Trosa, Vorschläge gewissermaßen aus der Gedankenwelt des anderen heraus zu entwickeln und diesem damit das trügerisch eitle Gefühl zu vermitteln, selbst auf seine Idee gekommen zu sein. Da jeder Mensch dazu neigt, Ergebnisse des eigenen Denkens von vornherein für besonders klug zu halten, fanden seine Vorschläge so im allgemeinen eine hohe Akzeptanz.

Obwohl Trosa den Zenit seines Berufslebens erst vor wenigen Jahren überschritten hatte, kannte er bereits die Mehrzahl der bisherigen Forschungsminister des Landes aus persönlichem Erleben. Der jetzige, Doktor Sternberg, war schon verhältnismäßig lange, über drei Jahre, im Amt. Da er früher selbst in der Industrieforschung tätig gewesen war, galt sein Sachverstand als unbestritten. In der Politik erwies sich dies nicht nur als Vorteil; aus seinem reichen Detailwissen resultierten oft Überzeugungen, die ihm das taktische Manövrieren erschwerten. In den Haushaltsdebatten waren seine Ressortkollegen meist erfolgreicher, so daß Sternberg zwar das Wohlwollen, nicht aber die uneingeschränkte Anerkennung seiner Klientel in Wissenschaft und Forschung genoß. Eines seiner allgemein anerkannten Verdienste bestand darin, die Zahl der von seinem Vorgänger fast unverantwortlich drastisch reduzierten Beratergremien wieder auf ein vernünftiges Maß angehoben zu haben und bei deren ausgewogener Besetzung recht geschickt vorzugehen. Dies war freilich in erster Linie eine Leistung seiner führenden Beamten, aber er hatte sie immerhin erfolgreich dazu ermutigt. Er selbst kommunizierte so intensiv mit Experten, daß er für das Schicksal der Entscheidungsvorlagen seiner Abteilungsleiter immer eine schwer kalkulierbare Größe blieb.

Stefan Trosa war nur etwa vier Minuten solchen Gedanken nachgegangen, als der Minister den Raum betrat, rasch den Tisch umrundete, dabei jeden mit Handschlag begrüßend, sich neben Doktor Hering niederließ und ohne Manuskript und Umschweife zur Sache kam:

„Meine Herren, Sie alle erinnern sich noch daran, daß dieses Haus ursprünglich von Konrad Adenauer unter der Bezeichnung Atomministerium gegründet worden ist, mit dem inzwischen trotz aller politischen Alltagsquerelen erreichten Ziel, unserem Lande die friedliche Nutzung der Kernenergie zu ermöglichen. Inzwischen sind wir in aller Breite für Forschung und Technologie zuständig. Sowohl der ursprüngliche Aspekt der Kerntechnik als auch die heutige Verantwortung für Forschung prädestinieren unser Haus dafür, sich dieser wieder einmal aus Amerika kommenden neuen Form der Kernfusion anzunehmen. Ich muß Ihnen in Anwesenheit von Herrn Birkenau, dem Leiter unseres deutschen Fusionsprojektes, nicht erklären, wie viel wir bisher schon in die Fusionsforschung investiert haben. Wir beugen uns aber nicht bedingungslos der Macht des Faktischen und schon gar nicht der Gewohnheit. Wir sind immer auch offen für völlig neuartige Ansätze, wie sie die beiden Amerikaner für ihre Kalte Kernfusion in Anspruch nehmen. Es wird heute Ihre Aufgabe sein, mir zu erklären, ob wir bei dieser Fusion über Kerntechnik oder über Forschung reden. Von Ihrer Antwort wird unser finanzielles Engagement abhängen. Um Ihnen die Unterscheidung zu erleichtern, bedenken Sie bitte: Forschung darf alles, Technik muß funktionieren."

Trosa war von dieser präzisen und richtungweisenden Einführung des Ministers tief beeindruckt und beunruhigt zugleich. Mit dem Hinweis auf Adenauer hatte Sternberg durchblicken lassen, daß er fest entschlossen war, im Erfolgsfalle diese Fusion zu nutzen, um seiner eigenen Amtszeit den Stempel der Unsterblichkeit aufzuprägen. Sein routinierter politischer Instinkt hatte ihn sofort die Witterung dieser seltenen Chance aufnehmen lassen. Es würde keineswegs leicht sein, ihn zu der Einsicht zu führen, daß diese Chance nur eine Fata Morgana war.

„Wenn ich sage, daß Forschung alles darf", fuhr er fort, „dann bedarf dies einer gewissen Relativierung. Sie darf *fast* alles. Ich will hier nicht über ethische Grenzen theoretisieren, die ich bei dieser Fusion im Moment nicht erkennen kann. Das werden uns früh genug andere abnehmen. Ich muß aber daran erinnern, daß wir nur solche Projekte fördern können, die ein Minimum an Erfolg garantieren. Die Zahl der vom Steuerzahler tolerierten Flops, die ein Minister finanzieren darf, tendiert leider gegen null."

An dieser Stelle atmete Trosa auf, denn der Sinn für die Realität war dem Minister offenbar doch noch nicht abhanden gekommen. Diesen erfreulichen Gedanken konnte er nicht weiter vertiefen, denn nun wurde er direkt angesprochen:

„Mir wurde berichtet, daß Sie, Herr Professor Trosa gemeinsam mit Professor Michel als bisher einzige in Deutschland die amerikanischen Arbeiten einer Überprüfung unterzogen haben. Ich möchte Sie deshalb bitten, uns über Ihre Ergebnisse zu informieren."

Trosa und Michel teilten sich diese Aufgabe in der gleichen Weise wie schon auf der Berliner Pressekonferenz. In diesem Kreise konnten sie auf einige elementare Erklärungen verzichten und statt dessen etwas präziser auf die wissenschaftlichen Details eingehen. Trosa vergaß nicht zu erwähnen, daß ihre Ergebnisse inzwischen von anderen Forschern in den USA bestätigt worden waren, und Michel diskutierte auch die neuesten Arbeiten von Sergio Brione. Dies gelang ihm, wie Trosa fand, mit solcher Überzeugungskraft, daß er sich innerlich erneut zu der Partnerschaft mit Michel gratulierte. Die anschließende kurze Diskussion ließ keinerlei prinzipiellen Widerspruch erkennen.

„Herr Professor Gerlach", wandte sich der Minister an diesen, der sich bisher vollkommen zurückgehalten hatte, „ich gratuliere Ihnen, denn es hat den Anschein, als ob sich Ihre nach der Pressekonferenz von Rosenstock in Texas spontan geäußerte Deutung der Experimente als richtig erwiesen hat."

Trosa war zwar von der Wirkung seiner und Michels Ausführungen überzeugt, gestand sich aber ein, daß die Meinung Gerlachs, des Altmeisters seiner Zunft, in dieser Runde entscheidend ins Gewicht fallen würde. Das asketisch und aristokratisch wirkende Gesicht Gerlachs mit seinen schmalen Lippen, der scharf geschnittenen Nase und den buschigen, ergrauten Augenbrauen strahlte in einer Weise intellektuelle Souveränität und Autorität aus, wie sie im Zeitalter der modernen Wissenschaft für die Mehrheit all ihrer selbsternannten Jünger kaum jemals erreichbar sind und sich bei den wenigen Begnadeten frühestens jenseits der Sechzig manifestieren. Ein Blick in dieses Gesicht ließ Trosa erstaunt registrieren, daß die anerkennenden Worte des Ministers nicht die Andeutung eines befriedigten Lächelns hervorgerufen hatten.

„Herr Minister, meine Herren", begann Gerlach unerwartet verhalten, „seit meiner ersten Stellungnahme zu dieser Fusion sind einige Wochen vergangen. Ich muß Ihnen gestehen, daß ich mit meinem verfrühten, spontanen Kommentar nie ganz glücklich gewesen bin. Daß ich ihn überhaupt abgegeben habe, liegt allein daran, daß mich ein Neffe, der als Wissenschaftsjournalist arbeitet, um diesen Gefallen gebeten hat. Man möchte den jungen Leuten ja gern bei ihrer Karriere behilflich sein. Ich weiß, daß dies keine Rechtfertigung ist, aber vielleicht können Sie es als entschuldigende Erklärung akzeptieren."

Trosa fiel bei diesen Worten aus allen Wolken. Er konnte nicht den geringsten Grund dafür erkennen, warum Gerlach ausgerechnet jetzt und in diesem Kreis seine ursprüngliche Deutung fast offiziell zurückzog.

„Ich kenne Herrn Kollegen Rosenstock seit Jahrzehnten als außerordentlich begabten und sorgfältigen Wissenschaftler", fuhr er fort. „Ich will die Ergebnisse der geschätzten Kollegen Trosa und Michel, deren Kompetenz über jeden Zweifel erhaben ist, wirklich in keiner Weise in Frage stellen." – „Aber dennoch tust du es!" dachte Trosa entrüstet. – „Aber ich kann mir nur sehr schwer vorstellen, daß ein Mann wie Rosenstock solch kapitale Fehler begangen haben soll. Viel eher bin ich geneigt zu glauben, daß beide Arbeiten auf ihre Weise der wissenschaftlichen Wahrheit entsprechen."

„Nun wird es aber Zeit, daß dieser Guru uns die Quadratur des Kreises erklärt", dachte Trosa giftig – so etwas auszusprechen, würde er sich freilich hüten.

„Trosa und Michel haben genau das Verhalten dieses Systems beobachtet, das auch ich unter normalen elektrochemischen Bedingungen erwarten würde. Inzwischen habe ich viel nachgedacht. Es gibt für mich keinen erkennbaren theoretischen Grund dafür," – Trosa mußte unwillkürlich und voller Sarkasmus an Michels Bemerkungen über Theoretiker denken – „daß diese Kalte Fusion im Inneren des Palladiums ganz unmöglich sein sollte. Es sind Bedingungen einer kinetisch extrem gehemmten Rekombination vorstellbar", spekulierte Gerlach weiter, „unter denen der Wasserstoffdruck derart ansteigt, daß eine Fusion zumindest denkbar erscheint. Wir wissen aus der Literatur und aus leidvoller Erfahrung, wie schwierig genaue Messungen der Wasserstoffentwicklung zu reproduzieren sind, weil es praktisch keine Verunreinigung der Elektroden oder des Elektrolyten gibt, die die Meßergebnisse nicht beeinflußt. Ich plädiere deshalb dafür, sicher mit Augenmaß und mit begrenzten Mitteln, die Suche nach dieser Fusion nicht vorzeitig abzubrechen."

Als sich jetzt Schröder vom Kernforschungszentrum zu Wort meldete, wußte Trosa sofort, daß dieser in die gleiche Kerbe hauen würde. Ganz sicher wurmte es ihn noch immer, daß Trosa sein Angebot zur Zusammenarbeit abgelehnt hatte.

„Auch ich möchte den Vorschlag von Professor Gerlach voll unterstützen und zumindest für eine gewisse Zeit auf breiter Basis die Fortsetzung der Experimente empfehlen. Es gibt einfach zu viele Randbedingungen, die bisher noch nicht systematisch variiert werden konnten", sagte er mit nur mäßig verhohlenem Anspruch auf zusätzliche Forschungsgelder.

„Trittbrettfahrer!" dachte Trosa wütend. Ein Blick auf Birkenau ließ ihn erkennen, daß es jetzt angebracht war, sich noch einen Moment möglichst entspannt zurückzulehnen und diesem den Vortritt zu lassen. Professor Birkenau war die unangefochtene Autorität auf dem Gebiet der heißen Kernfusion in Deutschland und damit der einzige, der es wagen konnte, selbst Professor Gerlach Paroli zu bieten. Im Gegensatz zu Gerlach war er der Typ des pragmatischen und gleichzeitig charismatischen Machers. Er verfügte über die bei beleibten Genußmenschen keineswegs seltene Vehemenz in einem Ausmaß, das in der Tat neue Maßstäbe setzte. Sein Durchsetzungsvermögen galt als legendär.

Erfolgsgewohnt, im Bewußtsein der Wirkung seiner sonoren Stimme, setzte er an: „Verehrter Herr Kollege Gerlach, ich bezweifle nicht, daß die Elektrochemie ein weites Feld immer neuer experimenteller Möglichkeiten eröffnet. Wenn ich Ihre Ausführungen aber auf ihre Kernsubstanz reduziere, dann waren dies zwar sehr interessante Erwägungen, die sich aber ausschließlich auf theoretische Spekulationen beschränkten. Ich darf das so offen feststellen, weil gerade mir wohl niemand Theoriefeindlichkeit vorwerfen wird, da allgemein bekannt ist, daß wir eine starke Gruppe mit über zwanzig Theoretikern beschäftigen. Da diese Kalte Fusion für unsere Arbeiten natürlich eine ernsthafte Konkurrenz darstellen würde – wobei ich Wert auf den Konjunktiv lege –, können Sie sich vorstellen, daß gerade unsere Theoretiker in den letzten Wochen nicht untätig geblieben sind. Ich verzichte darauf, Bedauern darüber zu heucheln, daß ich Ihnen mitteilen muß, daß unsere Physiker trotz umfangreicher Simulationen nicht die geringste Chance sehen, unter den von Rosenstock angegebenen Bedingungen im Palladium eine Fusion zu realisieren. Meine Herren, damit Sie mich nicht falsch verstehen, auch ich bin offen für neue und überraschende experimentelle Ergebnisse – auch für solche, die nicht in unser theoretisches Bild passen. Gäbe es die, wären wir wie im Falle der Supraleitung die ersten, die sich auf die Suche nach neuen theoretischen Erklärungen begäben. Das Verdienst der sorgfältigen Experimente von Trosa und Michel sehe ich aber darin, daß sie der Arbeit von Rosenstock und Cox jede experimentelle Evidenz einer Kalten Fusion gerade sehr überzeugend entzogen haben."

Birkenau hatte wirklich alle Erwartungen Trosas erfüllt; dieser konstatierte befriedigt, daß nichts über wirklich einflußreiche Verbündete geht. Jetzt schaltete sich der Minister wieder ein, enthielt sich vorerst eines Kommentars und wollte von Doktor Baumann wissen, wie die Industrie aus Sicht eines Kraftwerksbauers das Potential dieser Kalten Fusion bewerte.

Baumann fühlte sich zunächst zu einer grundsätzlichen Bemerkung animiert: „Herr Minister, betrachtet man, durchaus alle vorhandenen Unsicherheiten bedenkend, die verfügbaren Prognosen zum künftigen Energiebedarf der Menschheit und stellt diesem die derzeit erkennbaren Möglichkeiten seiner Deckung gegenüber, dann sind auch wir in der Industrie davon überzeugt, daß innerhalb der kommenden fünfzig Jahre die Nutzung der Option Kernfusion unverzichtbar sein wird. Wir hoffen deshalb mit Nachdruck, daß diese so oder so realisiert wird."

Im Klartext hieß dies nichts anderes, als daß man fest darauf vertraute, daß der Staat weiter in die Erforschung und Entwicklung dieser Technik investieren werde. Jetzt galt es, die bestehenden Allianzen abzusichern: „Über diese Kalte Kernfusion können wir uns zur Zeit noch kein abschließendes Urteil bilden, und auch die heutige Diskussion hat für mich daran nichts geändert. Bis auf weiteres heißt für uns deshalb die Zukunft Birkenau und nicht Rosenstock."

Birkenau quittierte diese Freundlichkeit mit zustimmendem Kopfnikken.

„Daraus folgt, daß sich aus dem momentanen Kenntnisstand keinerlei Rechtfertigungen für eine Etatkürzung der normalen Fusionsforschung ableiten lassen. Ich sage das mit dieser Deutlichkeit, weil ich fest damit rechne, daß es nur eine Frage der Zeit ist, bis diese Kalte Fusion von Kernkraftgegnern zum Vorwand genommen werden wird, um solche Forderungen zu stellen. Vor diesem Hintergrund wäre es sicher klug, *additiv* auch die weitere Erforschung dieser Kalten Fusion zu fördern, um sich nicht dem Vorwurf einer allzu einseitigen Orientierung auszusetzen. Gleichzeitig würde man dadurch über eigene Kompetenz verfügen, um eine ungekürzte Förderung der normalen Fusion auch künftig vertreten zu können."

In der Sache mißfiel dieser Vorschlag Trosa, er mußte aber zugeben, daß Baumann dies sehr raffiniert eingefädelt hatte. Ohne die leiseste Verstimmung von Birkenau zu riskieren, schien er einen Weg zu suchen, sich für den sehr unwahrscheinlichen Erfolgsfall einer Kalten Fusion das Know-how von Anfang an zu sichern.

Trosa zog für sich Bilanz. Er, Michel und Birkenau hatten sich gegen eine zusätzliche Förderung der Kalten Fusion ausgesprochen; Baumann, Gerlach und Schröder hatten sie befürwortet. Natürlich wurden solche Angelegenheiten nie durch eine formale Abstimmung entschieden, sondern es wurde stets ein Kompromiß gesucht. Wie aber sollte der bei diesem Patt aussehen? Der Minister war viel zu klug, um in einer solchen Situation selbst einen Vorschlag zu unterbreiten. Bezüglich der für Besprechungen dieser Art stets geltenden strengen Vertraulichkeit machte er sich in einer offenen Demokratie und mit Blick auf die Pressefreiheit gewiß keinerlei Illusionen: Irgend etwas würde immer durchsickern. Das Risiko, in der Zeitung zu lesen, er habe gegen den Rat anerkannter Experten so oder so entschieden, konnte er nicht eingehen – denn daß er dabei nur dem Rat anderer, ebenso anerkannter Fachleute gefolgt war, würde mit Sicherheit verschwiegen werden.

Ursprünglich war Trosa entschlossen gewesen vorzuschlagen, auf jede spezielle Förderung der Kalten Fusion solange zu verzichten, bis deren Existenz experimentell als gesichert gelten konnte. Dies war nach der mysteriösen Kehrtwende Gerlachs auch für den Minister nicht mehr akzeptabel. Trosa hatte schon mehr als einmal erlebt, daß ihm die besten Ideen erst dann kamen, wenn er sich massiv unter Druck fühlte. So erging es ihm auch diesmal. Seine spontane Eingebung erschien ihm sofort überzeugend; insbesondere dem bedrängten Minister mußte sein Geistesblitz als ultima ratio erscheinen.

Als sei es abgesprochen gewesen, sagte Sternberg prompt: „Meine Herren, ich stelle fest, daß es in der grundsätzlichen Bewertung dieser Kalten Fusion keine gravierenden Meinungsverschiedenheiten zwischen Ihnen gibt. Alles was ich herausgehört habe, läßt sich auf einen Nenner bringen: Im Prinzip nicht auszuschließen, aber im Moment wenig wahrscheinlich. Hinsichtlich einer förderpolitischen Empfehlung war Ihr Meinungsbild weniger homogen. Darf ich Sie hierzu um weitere Vorschläge bitten, denen wir am Ende vielleicht alle zustimmen können?“

Dies war das entscheidende Stichwort für Trosa: „Herr Minister, meine Herren, wir selbst, Herr Michel und ich, haben uns vorgenommen, trotz unserer bisher negativen Ergebnisse noch weiter nach dieser Kalten Fusion zu suchen. Wir halten es aber angesichts der geringen Erfolgswahrscheinlichkeit für ziemlich riskant, hierfür zusätzliche Forschungsgelder einzusetzen. Mein Vorschlag, Herr Minister, läuft darauf hinaus, ein spezielles Budget zur Lösung dieser Aufgabe zu erschließen, ohne den Etat Ihres Hauses zusätzlich zu belasten. In den verschiedenen Programmen Ihres Ministeriums werden zahlreiche elektrochemisch oder radiochemisch orientierte Projekte gefördert. Wenn Sie erlauben würden, bis zu zehn Prozent der bereits bewilligten

Projektmittel ohne Gefährdung der vereinbarten Forschungsziele zur Erforschung der Kalten Fusion umzuwidmen, ergäbe sich bundesweit eine erhebliche Summe. Neben der etatschonenden Wirkung hätte diese Vorgehensweise noch einen weiteren Vorzug. Da sich der verfügbare Betrag für ein einzelnes Institut in engen Grenzen hielte, würde so eine zusätzliche Motivation für institutsübergreifende Kooperationen geschaffen, wie wir sie angesichts der extrem interdisziplinären Fragestellung sicher alle nur empfehlen können."

Schon während er sprach, konnte Trosa in allen Gesichtern Zustimmung lesen, und der Minister schien fest entschlossen, sich diese Chance für einen Konsens nicht entgehen zu lassen.

„Meine Herren,", fragte er, „möchte jemand diesem Vorschlag von Professor Trosa widersprechen? – Ich sehe, daß dies nicht der Fall ist. Herr Hering, Sie lassen bitte in den nächsten Tagen feststellen, welche von uns bereits geförderten elektrochemischen und radiochemischen Projekte für diese Verfahrensweise in Betracht kommen. Ich erweitere diesen Vorschlag um das Angebot, auch einen entsprechenden Anteil der Grundfinanzierung der einschlägig arbeitenden Institute der Großforschungseinrichtungen und der Max-Planck-Gesellschaft für diesen Zweck umzuwidmen. Sie werden dafür sorgen, Herr Hering, daß dies allen betreffenden Instituten in einem Schreiben mitgeteilt wird, in dem sie ausdrücklich ermächtigt werden, ohne vorherigen Antrag die entsprechenden Umstellungen vorzunehmen, wobei wir dies mit einer Mitteilungspflicht verbinden. Sie unterrichten mich bitte unverzüglich über den potentiellen Gesamtbetrag, der für diese Aktion zur Verfügung steht, und dann laufend auf Basis der eingehenden Meldungen über dessen Inanspruchnahme."

Doktor Hering standen seine Bedenken unverkennbar ins Gesicht geschrieben. Im Umgang mit seinem Chef war er aber hinreichend leidgeprüft, um zu wissen, daß jetzt jeder Einwand zwecklos gewesen wäre. Er würde versuchen, in seinem endgültigen Schreiben die unbürokratische Vorgehensweise seines Ministers deutlich zu mildern, um die zu erwartende harsche Kritik des Bundesrechnungshofes wenigstens in erträglichen Grenzen zu halten.

„Meine Herren, ich möchte mich bei Ihnen herzlich für Ihre Unterstützung bedanken, aber auch dafür, daß wir so schnell ein einstimmiges Ergebnis erzielen konnten. Ich darf Sie jetzt bitten, mit mir zur Pressekonferenz zu gehen, um das Volk der Steuerzahler von unserer sparsamen Entscheidung zu informieren."

Auf dem Weg zur Pressekonferenz, die im obersten Stockwerk des Hochhauses stattfand, wußte es Birkenau so einzurichten, daß er allein mit Trosa und Michel im Fahrstuhl landete. Als sie unter sich waren, klopfte er Trosa jovial auf die Schulter und sagte: „Einfach genial, wie Sie das gedreht haben. Sah zwischenzeitlich gar nicht so gut aus, als der greise Gerlach meinte, seinen lieben Rosenstock in Schutz nehmen zu müssen. Die Ergänzung des Ministers mit der Grundfinanzierung der Großforschungseinrichtungen und der Max-Planck-Gesellschaft war übrigens blanker Unsinn. Über die Grundfinanzierung können wir auch ohne seine Zustimmung relativ frei entscheiden, so lange wir uns nicht am Stellenplan vergreifen. Ich werde mich jedenfalls hüten, zehn Prozent unseres ohnehin knapp bemessenen Etats für diesen Mumpitz auszugeben. Trotzdem, Ihr Vorschlag war einsame Spitze. Was uns betrifft, mache ich mir keine Gedanken und werde nicht eingreifen. Das zieht Hering schon alleine wieder in die richtige Spur."

Oben angekommen, fand zunächst der übliche Empfang mit Drinks und Häppchen für die Journalisten statt, als der Minister Trosa beiseitenahm: „Sie sind doch einverstanden, lieber Trosa, wenn ich Ihnen das Wort erteile, damit Sie der Presse Ihre Ergebnisse noch einmal erläutern können? Sie sollten aber durchblicken lassen, daß doch noch Chancen für die Fusion bestehen, damit Ihr wirklich guter Vorschlag, für den ich Ihnen sehr dankbar bin und den ich als Beschluß unseres Hauses verkünden werde, nicht etwa gegenstandslos wirkt."

„Selbstverständlich, Herr Minister, Sie dürfen sich da ganz auf mich verlassen", antwortete er artig, als sich Baumann zu Ihnen gesellte. Trosa ergriff gleich in Gegenwart des Ministers die Gelegenheit, die Industrie vielleicht doch noch auf seine Seite zu ziehen: „Herr Baumann, ich bin sicher, jetzt steht genügend Geld bereit, um sicherzustellen, daß wir Deutschen und damit auch Ihr Unternehmen nicht abgehängt werden, falls an dieser Fusion doch etwas dran ist. Herr Reuter hat Ihnen sicher berichtet, daß wir ein paar ganz spezielle Legierungen untersuchen. Falls diese Fusion nicht ein totales Phantom ist, dann müssen diese Legierungen dafür geeignet sein. Ich verspreche Ihnen, Sie auf dem laufenden zu halten."

Baumann bedankte sich, bekundete sofort Interesse, und Sternberg war begeistert: „Meine Herren, das klingt ja sehr vielversprechend. Sie glauben ja nicht, wie glücklich ich bin, wenn ich sehe, wie gut unsere Professoren mit der Industrie kooperieren. Das geschieht leider, leider noch viel zu selten. Darf ich Ihre Zusammenarbeit vielleicht schon erwähnen?" Diesmal war es Baumann, der mit Hinweis auf denkbare Patente dringend davon abriet.

Trosa hatte Dagmar schon lange erblickt und ihr zugenickt. Sie stand jetzt mit Michel zusammen, als er sich endlich von anderen Verpflichtungen frei genug fühlte, um auf sie zuzugehen und sie herzlich zu begrüßen.

„Ich freue mich ja so, daß Sie mit nach Bonn gekommen sind" sagte er. „Sie wissen ja, daß ich alles Wichtige immer gleich geregelt haben möchte. Herr Michel hat die letzte Maschine von Frankfurt aus gebucht. Ich bringe ihn mit dem Wagen zum Flughafen. Wenn Sie Ihren Flug noch umbuchen könnten, hätten wir im Auto und auf dem Flughafen noch genügend Zeit, um miteinander zu plaudern. Es gibt schon allerhand zu erzählen."

Dagmar stimmte gern zu und gab Trosa das Ticket, der nach einem kurzen Gespräch mit Hering zurückkam und strahlend sagte: „Das wird in Ordnung gehen. Aber vorher könnten Sie mir noch einen Gefallen tun. Gerlach ist heute gewiß nicht sehr gut auf mich zu sprechen."

Er erklärte ihr kurz, daß dieser in der Sitzung unerwartet für Rosenstock eingetreten war. „Mich würde brennend interessieren, was ihn bewogen hat, seine Meinung so radikal zu ändern. Da er es mir sicher nicht gern erzählen wird, könnten Sie vielleicht noch ein wenig mit ihm plaudern und versuchen, etwas in Erfahrung zu bringen."

Trosa war von seiner Wahlschwester ganz hingerissen, die nicht eine Sekunde zögerte, auf dieses Komplott einzugehen. Noch bevor sie wieder zurück war, bat der Minister, Platz zu nehmen, und sein Pressereferent eröffnete die Konferenz. Zunächst erläuterte Sternberg kurz die Ausgangssituation und stellte die Teilnehmer des Hearings vor. Dann erteilte er Trosa das Wort, der den Stand ihrer Untersuchungen noch einmal kurz referierte, ohne den Hinweis zu vergessen, daß es seit ihrer Berliner Pressekonferenz keine grundsätzlich neuen Entwicklungen gegeben hatte. Dennoch betonte er dem Minister zuliebe ausdrücklich, daß durchaus reale Chancen bestünden, diese Fusion vielleicht doch nachweisen zu können. Sternberg legte anschließend kurz dar, in welch beachtlichem Umfang die Bundesregierung die normale Kernfusion erfolgreich fördere, versicherte, daß sein Haus stets offen sei für alle neuen Entwicklungen und erläuterte schließlich den einhelligen Beschluß des Tages.

Geschickte Fragen einiger Journalisten hatten schnell zur Offenlegung der Tatsache geführt, daß es unter den Experten hinsichtlich der Erfolgswahrscheinlichkeit etwas differierende Ansichten gab. Alle betonten, daß dies in der momentanen Situation völlig normal sei und der kluge Beschluß des Ministeriums ja bald zu einer weiteren Klärung führen werde.

Ein Vertreter der Deutschen Presseagentur wandte sich dann dem Minister zu und fragte: „Herr Minister, habe ich Sie recht verstanden, daß Sie keine zusätzlichen Mittel zur Erforschung dieser Kalten Fusion bereitstellen werden?“

Mit der DPA mußte man besonders vorsichtig umgehen. Fast alle Zeitungen, die keinen eigenen Redakteur zu einer Pressekonferenz schikken konnten, griffen auf deren Agenturberichte zurück – dies war ein gewaltiger Multiplikatoreffekt. Dagmar Domus saß zwei Stühle neben Trosa, und er sah, wie sie sofort einen Zettel ergriff, um etwas darauf zu schreiben und diesen ihm dann zusammengefaltet zuzuschieben.

Das „Ja, aber..“, mit dem der Minister seine Antwort begonnen hatte, war noch nicht ganz verklungen, als Trosa den Zettel entfaltete und las: „Vorsicht! Morgen lautet die Überschrift: Forschungsminister stellt keine zusätzlichen Mittel für die Kalte Fusion bereit." Trosa warf ihr einen etwas zweifelnden Blick zu und steckte den Zettel in seine Jakkettasche.

Als die drei den Frankfurter Flughafen erreicht hatten, waren noch fast drei Stunden Zeit bis zum Abflug der Maschine nach Berlin, so daß Trosa die beiden noch in das Restaurant „Zeppelin" einladen konnte. Mit Rücksicht darauf, daß er sich im Auto auf das Fahren konzentrieren mußte, hatte sich die Konversation dort eher auf belanglose allgemeine Themen beschränkt.

Als die Bestellung aufgegeben und der als Vorspeise gewählte Parmaschinken serviert war, konnte Trosa seine Neugier nicht mehr zügeln: „Also, liebe Frau Domus, nun verraten Sie uns bitte, was haben Sie dem honorigen Gerlach entlocken können?"

„Ich bin ganz sicher, lieber Herr Trosa, daß Sie dem reizenden Professor Gerlach wirklich Unrecht tun. Er leidet echt. Ich glaube, daß er sehr unglücklich darüber ist, daß er als Emeritus keinerlei Möglichkeit mehr hat, diese Fusion selbst zu erforschen."

„Und deshalb will er auch den Ergebnissen seiner jüngeren Kollegen nicht trauen", wandte Trosa ein, um es gleich darauf zu bedauern.

„Nein, nein, so ist das eben nicht. Im Gegenteil, er hat mich ausdrücklich darum gebeten, Ihnen zu versichern, daß er an Ihren Arbeiten nicht den geringsten Zweifel hege und großen Respekt vor Ihrer Leistung habe. Auf der anderen Seite ist er mit Leib und Seele Elektrochemiker und möchte nur allzu gern die Möglichkeit ausschließen, daß ein führender Vertreter seines Faches durch einen groben Fehler dem Ruf der ganzen Disziplin geschadet haben könnte. Die tiefe Liebe zu seinem Fach ist sein ganzes Dilemma."

„Nun, das mag alles so sein und ehrt Gerlach ganz sicher", kam Michel seinem Freund zu Hilfe. „Heute nachmittag hat Gerlach unsere Deutung der Experimente und die der Rosenstockschen Arbeit vielleicht nicht gerade angezweifelt – er hat sie aber auch mit keiner Silbe unterstützt! Dabei müßte gerade einer wie er sehr genau wissen, daß ein Wissenschaftler viel Widerspruch vertragen kann: Was Hinz und Kunz über seine Arbeit denken, das ist ihm gleich, aber er lechzt förmlich nach der Anerkennung der Koryphäen seines Faches. Und genau an dieser Anerkennung hat es Gerlach heute fehlen lassen. Mich trifft das weniger, weil ich für ihn ein Außenseiter bin, aber für meinen Freund war das sehr schmerzlich."

Trosa fand, das Gespräch verirre sich nun in allzu gefährliches Terrain, und versuchte, ihm wieder eine andere Richtung zu geben: „Wir sollten wirklich nicht zu kleinlich sein. Es bleibt aber eine Tatsache, daß Gerlach innerhalb weniger Wochen seine Meinung radikal geändert hat. Das Recht dazu will ich ihm keineswegs absprechen. Mich interessieren aber einfach die Gründe, denn ein Mann wie Gerlach muß gewichtige Gründe haben. Hat er Ihnen irgendeine Erklärung für seinen Sinneswandel gegeben, Frau Domus?"

„Nicht direkt, aber er hat mir erzählt, daß im Herbst in Como die erste Weltkonferenz über Kalte Fusion stattfinden soll. Die Tagung wird – wohl auf Anregung von Werner Rosenstock – von Professor Brione in Italien organisiert. Rosenstock ist jedenfalls der Vorsitzende des wissenschaftlichen Komitees und hat Gerlach mit einem freundlichen Brief zu einem Plenarvortrag über das Thema ‚Pro und Contra zur Kalten Fusion' eingeladen."

„Ja, das erklärt freilich einiges" entfuhr es Trosa. „Ich bin wohl schon in aller Welt so sehr als Gegner dieser Fusion abgestempelt, daß sich keiner mehr die Mühe macht, mich von einer solchen Konferenz wenigstens zu informieren. Daß ich nicht zum Vortrag eingeladen werde, kann ich ja noch verstehen..."

„Wieso erklärt das einiges?" unterbrach ihn Michel.

„Nun, unsere liebe Frau Domus hat natürlich vollkommen recht mit ihrer Einschätzung des vornehmen und edlen Charakters unseres Kollegen Gerlach. Ich sage euch ja immer wieder, Rosenstock ist unendlich raffiniert. Das ist wieder ein Beweis dafür. Wer Gerlach nur halbwegs kennt, muß wissen, daß er es niemals übers Herz brächte, nur eine Seite zu vertreten, wenn er zu einem Vortrag über Pro und Contra eingeladen wird. Dieser durch und durch redliche Mann wird sich jetzt bis zum Herbst den Kopf zerbrechen und auf zwei Zetteln so lange alle nur denkbaren Pro- und Contra-Argumente auflisten, bis er davon überzeugt ist, daß diese insgesamt ein ausgewogenes Bild ergeben. Zu einer abschließenden Schlußfolgerung wird er sich nicht hinreißen lassen, aber sein Vortrag wird ein intellektueller Genuß sein, denn keiner seiner Thesen wird es an geschliffenem Scharfsinn fehlen."

„Ja, so sehe ich das auch", stimmte Dagmar erleichtert zu.

„Frau Domus", setzte Michel verhalten an, „hatten Sie eben Como gesagt?"

„Ja. Warum fragen Sie?"

„Der Brione sitzt doch in Venedig", warf Trosa ein. „Das ist eine für Tagungen höchst attraktive Stadt, und organisatorisch hätte er es bei einem Heimspiel auch leichter."

„Weshalb geht er also nach Como?" ließ Michel nicht locker.

„Woher soll ich das wissen? – Vielleicht gibt es dort in den Bergen ja irgendeine sonderbare Anomalie, die das Wasser bergauf fließen läßt, so daß man auch leichter geneigt ist, an diese Fusion zu glauben", witzelte Trosa etwas ratlos.

„Wer war schon einmal in Como? Sie, Frau Domus? Du, Stefan?"

Langsam wurde es Trosa zu bunt: „Nun hör mal, mein Lieber, ich habe mehr als vierzig Länder dieser Erde bereist. Natürlich war ich auch mehrmals in Italien, aber, tut mir schrecklich leid, bis heute nicht an den Ufern des Comer Sees."

„Stefan", lehnte sich Michel, von diesem Ausbruch der Ungeduld ganz unbeeindruckt, gelassen zurück, „Dein lieber Rosenstock wird mir immer sympathischer. Ich bekomme langsam Lust, ihn kennenzulernen, denn du solltest wissen, auch ich bin gleichsam ein sensibler Beobachter der Weltgeschichte."

„Dieser Klugscheißer!“ wütete Trosa innerlich über die Hinhaltetaktik seines Freundes, hütete sich aber, so etwas vor Dagmar auszusprechen. Statt dessen erwiderte er salbungsvoll: „Es dürstet mich gleichsam nach der huldvollen Offenbarung deiner historischen Einsichten.“

Dies war nun endlich für Michel das angemessene Stichwort, um zu einer längeren Rede anzusetzen: „Gottes Ratschluß hat es gewollt, daß genau in diesem Como im Jahre 1745 des Herrn ein Mann namens Alessandro Volta geboren wurde. Es hieße, die ältesten Eulen nach Athen zu tragen, einem naturwissenschaftlich gebildeten Zuhörer die Verdienste dieses begnadeten Forschers in allen Einzelheiten darzulegen, zumal heutzutage schon jedes Schulkind lernt, daß die Maßeinheit der elektrischen Spannung diesem Manne zu Ehren als *Volt* bezeichnet wird. Weniger bekannt hingegen dürften die Einzelheiten seines Lebens sein. Im Alter von 29 Jahren wurde er als Physiklehrer zum Rektor des Gymnasiums von Como ernannt. Seine ersten wissenschaftlichen Arbeiten zur Elektrizitätslehre gehen auf das Jahr 1769 zurück. Da die Elektrochemie zu seiner Zeit als etablierte Disziplin noch nicht existierte – man verehrt Volta ja als einen der Begründer dieses Faches –, lehrte er seit 1779 sein reiches experimentelles und theoretisches Wissen als Professor der Physik an der Universität zu Pavia. Luigi Galvani hatte 1789 in Bologna seinen weltberühmt gewordenen Froschschenkelversuch unternommen, den er als Anatom und Gynäkologe zum Glück unseres Alessandro Volta aber vollkommen unzutreffend als die Entdeckung einer tierischen Elektrizität deutete. Dies führte zu einem der erbittertsten Zweikämpfe der Wissenschaftsgeschichte und eröffnete dem mit vielen Formen der Elektrizität vertrauten Volta die Chance zu vermuten, daß dieses Phänomen durch die Berührung zweier Leiter erster Klasse mit einem solchen zweiter Klasse zustande käme. An dieser Stelle muß der Hinweis eingefügt werden, daß es dem unergründlichen Schicksal gefiel, den großen Napoleon etwa zwei Jahre zuvor, also 1787, just nach Como zu führen, wo er seiner Joséphine zum ersten Mal begegnete. Daher kann das nie erlahmende Interesse Napoleons an dieser wunderbaren Stadt am Ufer des traumhaft schönen Sees nicht überraschen; auch Volta sollte davon profitieren. In vielen mühevollen Jahren feilte und schliff dieser an seiner Kontakttheorie der Leiter, bis ihm gegen Ende des Jahres 1799 mit seinem legendären Säulenapparat endlich der Durchbruch gelang und er mit der Kombination von Kupfer und Zink das Prinzip jener Batterie entdeckt hatte, welche, wie ich meine, ganz zu Unrecht noch heute die galvanische genannt wird. Die Bekanntmachung wissenschaftlicher Ergebnisse vollzog sich damals noch fast ausschließlich durch die Fachkorrespondenz mit Kollegen. Die offenkundige Bedeutung der elektrischen Säule legte es Volta jedoch nahe, diese Entdekkung in seinem berühmten Brief vom 20. März 1800 der Royal Society of London offiziell mitzuteilen, der er seit 1792 als Mitglied angehörte. Jener schon erwähnten engsten emotionalen Bindung Napoleons an Como war es dann wohl letztlich zu danken, daß Alessandro Volta im Jahre 1801 von ihm eine Einladung an das Institut Nationale in Paris erhielt, um seine Entdeckung dort in Gegenwart des Ersten Konsuls den staunenden französischen Gelehrten zu präsentieren. Der allen technischen Neuheiten gegenüber höchst aufgeschlossene Napoleon war von der Vorführung der Versuche derart begeistert, daß er ganz gegen die akademische Etikette, aber unter lebhafter Akklamation der anwesenden geistigen Elite vorschlug, Volta mit einer goldenen Medaille auszuzeichnen. Schon ein Jahr später wurde Alessandro Volta zum Associé de l'Institut und Offizier der Ehrenlegion ernannt und erhielt den Orden der Eisernen Krone. Jene besondere Fürsorge Napoleons hatte aber auch ihren Preis. Im Jahre 1794 hatte Alessandro Volta Teresina de Pelegrini geheiratet, die ihm drei Söhne gebar. Nach zehnjähriger Ehe ging er auf die Sechzig zu und empfand wohl plötzlich das Bedürfnis, sich ins Privatleben zurückzuziehen, so daß er 1804 ein entsprechendes Gesuch an Napoleon richtete. Dieser zeigte dafür nicht das geringste Verständnis und ließ die Universität, durchaus zur Ehre Voltas, wissen: ‚Ich kann die Verabschiedung Voltas nicht bewilligen. Sind seine Tätigkeiten als Professor zu ermüdend, so mögen sie eingeschränkt werden. Er mag wenn auch nur eine Vorlesung jährlich halten, aber die Universität Pavia wäre in ihrem Herzen getroffen, wenn ich es gestattete, daß ein so berühmter Name aus der Liste ihrer Mitglieder gestrichen würde; übrigens muß ein guter General auf dem Felde der Ehre sterben.‘ Napoleon erwies sich jedoch als keineswegs nachtragend, als er seine wohlwollende Hand noch einmal für unseren Professor Volta rührte, um ihn 1810 in den Stand eines Grafen und Senators von Italien zu erheben.“

An dieser Stelle legte Hans Michel eine kurze Pause ein – einerseits, um seine beiden Zuhörer in dem trügerischen Glauben zu wiegen, dies sei nun die endgültige Erklärung dafür, warum Rosenstock und Brione diese Konferenz gerade nach Como gelegt hatten, und andererseits, um ihnen Gelegenheit zu geben, seinen historischen Exkurs auf sich wirken zu lassen. Dann aber kam er auf den Punkt, der alles bisherige nur als Vorspiel erscheinen ließ.

„Dies alles, meine Lieben, wäre schon hinreichend, um in Como einen Wallfahrtsort der elektrochemischen Energiegewinnung zu sehen, der es wie keine zweite Stadt der Welt verdient hätte, zum Schauplatz für die Premiere einer neuen elektrochemischen Energie zu werden. Aber nein, ich verwette den Sparstrumpf meiner seligen Großmutter darauf, daß dieser Werner Rosenstock dabei noch etwas ganz anderes im Sinn hatte. Denn ich sage euch, Como ist auch der überzeugende Beweis für meine uralte These, daß es wesentlich vorteilhafter ist, der große Sohn einer kleinen Stadt zu sein, als umgekehrt."

Wie man Dagmars und Stefans vor neugieriger Erwartung glühenden Gesichtern ansehen konnte, war es Hans Michel gelungen, seine Erzählung bis zum Knistern aufzuladen.

„1819 gab Volta dann doch seine Professur in Pavia auf, um sich ganz nach Como zurückzuziehen, wo ihn 1823 ein Schlaganfall ereilte, an dessen Folgen er am 5. März 1827 im Alter von 82 Jahren verstarb. Im Jahre seines 100. Todestages, also 1927, geschah dann etwas, das meines bescheidenen Wissens nach in der gesamten Wissenschaftsgeschichte der Neuzeit einmalig ist: Die kleine Stadt Como errichtete nämlich ihrem großen Sohne nach schönstem antiken Vorbild einen echten steinernen Tempio Voltiano. Wie es sich für den Tempel eines Gottes gehört, liegt dieser direkt am Ufer des Sees. Ein breiter, fast einhundert Meter langer, heute nicht mehr ganz gepflegter Grünstreifen führt direkt auf dieses Allerheiligste der Elektrochemie zu. Rechts und links des Rasens wird der sich ehrfurchtsvoll Nähernde auf zwei Kieswegalleen geleitet, die zu den Seitenstufen des Portikus hinführen, dessen Front von vier korinthischen Säulen geziert wird. Auf dem Architrav prangen die goldenen Versalien A • VOLTA, und der Aetos trägt sein in ein Medaillon gefaßtes Reliefporträt. Links neben dem Eingangsportal steht in einer Nische die schneeweiße Marmorgöttin Scientia. Ihre jugendliche Schönheit und die von dem unbeschreiblich weich und sanft fallenden Chiton nur unvollkommen verhüllten idealen Proportionen gemahnen den Besucher noch einmal daran, daß er im Begriff steht, ein ehrwürdiges Heiligtum der Wissenschaft zu betreten. Der quadratische Tempelbau mutet im Inneren mit seiner wiederum auf einem Kranz freistehender korinthischer Säulen ruhenden runden Kuppel wie ein Abbild des römischen Pantheons an. Abweichend vom Vorbild umrundet eine sich im oberen Drittel an die Außenseiten der Säulen lehnende Galerie den harmonischen Raum. Auf dieser und zu ebener Erde befinden sich zwischen den Fenstern an den Wänden zahlreiche Vitrinen, die eine Vielzahl der von Volta entwickelten elektrischen Geräte und sonstigen Apparaturen im Originalzustand zeigen.

Ein solcher Tempel ist es, meine Freunde, den sich Rosenstock im Geiste errichten wollte, als er sich mit seiner Konferenz für Como entschied."

X

Es war Mittwoch, also zufällig der Tag, an dem seine Zeitung auch die wöchentlich erscheinende Wissenschaftsbeilage enthielt, als Trosa beim Frühstück den Bericht über die Pressekonferenz des Vortages suchte. Schon im Hauptteil auf der Seite „Deutschland und die Welt" wurde er fündig und sah die Überschrift: *Forschungsminister stellt keine Mittel für die Kalte Fusion bereit.* Genau, wie Dagmar Domus es prophezeit hat, dachte er noch. Bevor er den Artikel überhaupt vollständig lesen konnte, stockte ihm der Atem. Er spürte, wie sich seine Handflächen mit einem dünnen Film von Feuchtigkeit überzogen, einer kalten Metallplatte in einem dampfend heißen Bad ähnlich. Sein Herz schlug wild und unregelmäßig, während sich auf seiner Stirn die ersten dicken Schweißperlen bildeten.

An anderer Stelle, aber auf der gleichen Seite, tauchte diese Fusion noch einmal auf. Es war eine ganz kurze Meldung. Aber irgendein bösartiger Redakteur hatte deren Überschrift in der gleichen Größe setzen lassen wie die des wesentlich längeren ersten Artikels. Sie lautete: *General Power investiert 50 Millionen Dollar in die Kalte Fusion.*

Investiert, stand da, nichts von Forschung, nein, investiert, als wenn die morgen beginnen wollten, ein Kraftwerk zu bauen! Im kurzen Text hieß es nur, daß dies ein Sprecher des Unternehmens gestern abend in Houston im Anschluß an einen Vortrag von Werner Rosenstock vor der American Chemistry Association mitgeteilt habe. Trosa rechnete kurz. Man durfte niemandem erzählen, daß ein gestandener ordentlicher Professor beim Ermitteln einer anderen Ortszeit jedesmal wie ein Schuljunge ganz von vorne anfangen mußte: Die Sonne geht im Osten auf, folglich dreht sich die Erde von West nach Ost. Wenn es bei uns Mittag ist, steht die Sonne in Amerika noch ganz niedrig im Osten. Dann ist es dort früh morgens, und wir sind denen demzufolge mit der Zeit um rund einen halben Tag voraus. Die Meldung mußte also nach Mitternacht mitteleuropäischer Zeit durch das weltweite Computernetz der Nachrichtenagenturen gelaufen sein. Das erklärte wohl auch die Kürze des Textes, denn große Änderungen im

Umbruch waren wenige Stunden vor Auslieferung der Zeitung nicht mehr möglich.

Trosa, daran konnte es nun überhaupt keinen Zweifel mehr geben, war blamiert für alle Zeiten. Es war absolut unmöglich, daß ein großes, im Bau von Kernkraftwerken weltweit tätiges Unternehmen 50 Millionen in diese Kalte Fusion steckte, ohne einen sicheren Beweis für ihre Existenz in der Hand zu haben. Bei allem Respekt vor Rosenstocks Überredungskünsten, eine solche Entscheidung konnte auch der nicht herbeiführen, ohne harte und überzeugende Fakten auf den Tisch zu legen. Natürlich würden die nicht morgen mit dem Bau eines Kraftwerkes beginnen, sondern das Geld erst einmal in die weitere Forschung stecken. Aber bei 50 Millionen harter US-Dollar konnte das keine reine Grundlagenforschung mehr sein. Die mußte Rosenstock endgültig und sicher abgehakt haben! Bei dieser Summe ging es bereits um eine anwendungsorientierte Forschung mit ersten Pilotreaktoren. Ganz gleich, was in diesem nichtssagenden Veröffentlichungsmanuskript von Rosenstock stand, nun existierte sie eindeutig, diese revolutionäre neue Kalte Fusion, die die Welt verändern würde, und er, Trosa, war schlicht und ergreifend ruiniert. Welcher Wahnsinn hatte ihn eigentlich getrieben, sich so grundsätzlich mit Rosenstock anzulegen, dem er eben doch in keiner Weise gewachsen war?

Wie konnte ausgerechnet ihm so etwas passieren? Hatte ihm nicht Jürgen Maas erzählt, daß er ihm schon lange vor Rosenstock die Suche nach einer solchen Fusion vorgeschlagen hatte? Es stimmte: Er hatte es für absolut aussichtslos gehalten und abgelehnt. War es denn denkbar, daß er noch immer seinen alten Vorurteilen zum Opfer gefallen war, fragte er sich, langsam an allem zweifelnd. War das überhaupt möglich? Gab es denn gar keine Objektivität in der Wissenschaft mehr? Schließlich hatte er weder ein Orakel befragt noch in den Sternen die Wahrheit gesucht, sondern nach allen Regeln der Kunst bis ins letzte Detail geplante Experimente mit aller gebotenen Sorgfalt durchgeführt. Hochanständige und präzise Messungen waren das gewesen! Seine Chemie, so hatte er es gelernt und bis heute voller Stolz geglaubt, das war eine exakte Wissenschaft. Das war eben gerade der Unterschied zu diesen Geisteswissenschaften – von der Publizistik ganz zu schweigen –, wo jeder ungeprüft und unwiderlegbar der gesamten Welt seine ganz privaten Spekulationen auftischen konnte. Deshalb war er ja nicht Philosoph, schon gar nicht Journalist, sondern eben Chemiker geworden! Er liebte die Ordnung. Nein, er war kein Phantast, die Stabilität seiner Gedankengebäude war abhängig von der Verläßlichkeit ihres Fundaments. Sollte dieses Fundament, das ihn bisher so sicher getragen hatte, nun wirklich brüchig geworden sein? Gab es überhaupt ein solches Fundament? Noch vor einigen Monaten hatte er sich nicht nur darüber geärgert, sondern fast dafür geschämt, daß ein bislang vollkommen ehrenwerter Kollege in Paris mit höchst sonderbaren Experimenten – von denen sich später herausstellte, daß sie immer nur ihm und einer einzigen Laborantin gelangen – geglaubt hatte, eine exakte naturwissenschaftliche Grundlage für die Homöopathie gefunden zu haben.

Und außerdem: Selbst wenn es wirklich Experimente geben sollte, deren Ausgang von Vorurteilen beeinflußbar war, dann hätte er diese Fusion eher bestätigen müssen! Ja, früher, vor Rosenstock, da hatte er so etwas für Unfug gehalten, da hätte man ihm Vorurteile vorwerfen können. Aber nach dieser sensationellen Meldung im Fernsehen, da hatte er die doch sofort abgelegt, da hatte er an diese Fusion geglaubt. Er war mit Michel nicht angetreten, sie zu widerlegen, sondern sie wollten doch, wenn schon nicht in der Welt, dann wenigstens in Deutschland die ersten sein, denen diese Fusion ebenfalls gelang. Erlag er jetzt einem Selbstbetrug? War die Wahrheit nicht subtiler? Vielleicht war es nur sein oberflächlicher Ehrgeiz, angestachelt durch die Idee mit seinen eigenen amorphen Legierungen, der eine Bestätigung wollte, während sich seine wahre Wissenschaftlerseele eher verletzt fühlte, weil diese Entdeckung einem anderen gelungen war und er deshalb im Innersten lieber keine Bestätigung wünschte.

Nein, solche Gedanken mußte er sich strikt verbieten. Dies rüttelte an den Existenzgrundlagen seines Berufes, so etwas durfte man nicht einmal in ernsten Krisensituationen zulassen. Er mußte seine Selbstdisziplin wiederfinden, sonst war er ganz verloren. Aber dachten nicht auch weniger Beteiligte ähnlich? Da war noch dieser Mortimer aus Genf, der in seinen E-mail-Berichten unentwegt allen möglichen Leuten seine neuesten Beobachtungen und Überlegungen zu dieser Fusion mitteilte. Waren dessen raffinierte Analysen zur sozialen und regionalen Verteilung ablehnender und befürwortender Ergebnisse nicht geradezu ein Beweis dafür, daß es eben doch nicht ganz so objektiv zuging in der Wissenschaft, wie es ein Trosa in seiner Verzweiflung gern gehabt hätte?

Es hat überhaupt keinen Sinn, fand er, er konnte es drehen und wenden, wie er wollte, er war in jedem Falle ruiniert. Was spielte es schon für eine Rolle, ob er das Opfer seiner Vorurteile oder seiner Unfähigkeit geworden war? Entscheidend war allein, und das stand außer Frage, daß er das Opfer war – und das bedeutete das Ende seiner Karriere. Wer interessiert sich hinterher schon ernsthaft dafür, woran einer gescheitert ist?

Mit reuevoller Verbitterung erinnerte er sich jetzt daran, daß es noch keine vierundzwanzig Stunden her war, daß er im eitlen Hochgefühl seiner eigenen Unverletzbarbeit geglaubt hatte, daß diese Fusion nur für die Karriere des Ministers gefährlich werden könnte. Welcher Irrtum, welche Verblendung! Und um sich in seinem schon in Masochismus umschlagenden Selbstmitleid auch keinen Schmerz und keine Peinlichkeit zu ersparen, mußte er daran denken, wie er sich am Tage zuvor dafür verantwortlich gefühlt hatte, dem Minister eine Schlappe zu ersparen. Das war keine Selbstüberschätzung mehr, das war schon pathologischer Größenwahn! Und nun? Nun hatte er vielleicht nicht nur sich, sondern auch den Minister ruiniert.

Trosa, jetzt reiß dich aber zusammen, dachte er. Das ist schon wieder mehr als Größenwahn. An der Dümmlichkeit eines kleinen Professors wird ein Minister nicht scheitern. Seine eigene Professur würde er übrigens auch behalten, denn als Beamter war er unkündbar. Auch der dümmste Fehler, darauf konnte er sich verlassen, hieß in der eigenen Zunft schlimmstenfalls Irrtum, und es war kein einziger Fall bekannt, daß ein solcher zu einer vorzeitigen Pensionierung geführt hätte. Für weitere Berufungen und das Spielchen der damit verbundenen meist lukrativen Verhandlungen war er freilich erst einmal gestorben. Überhaupt, was nützte es ihm denn, daß er weiter Professor blieb? Es gab tausend andere Möglichkeiten, einen unkündbaren Professor zu erledigen. Wenn er sich nicht öffentlich zum Gespött machen wollte, konnte er auf keine Tagung mehr fahren. Seine wissenschaftlichen

Manuskripte würden künftig von den referierenden Fachkollegen so kritisch und pingelig wie die eines blutigen Anfängers behandelt werden. Wenn er es überhaupt noch wagen konnte, Forschungsanträge zu stellen, dann würden die Gutachter wegen Kleinigkeiten endlos daran herummäkeln. Er würde kaum noch Forschungsgelder bekommen. Mit dem Geld würden auch die Doktoranden ausbleiben. Was war er dann noch? Ein kleines, armseliges akademisches Schulmeisterlein!

Die zornige Wut des ersten Augenblicks war längst einer tiefen Niedergeschlagenheit gewichen, als er endlich den Artikel über das Hearing zu Ende las. Im Prinzip war der Text eigentlich in Ordnung, wenn es nicht auch diese andere Meldung gegeben hätte. Da war keine Häme drin, und alle wichtigen Erklärungen auf der Pressekonferenz waren kurz, aber korrekt wiedergegeben. Vor wenigen Minuten noch wäre er stolz darauf gewesen, als führender deutscher Experte für diese Kalte Fusion zitiert zu werden. Jetzt konnte dies seine Schmach nur noch vergrößern. Natürlich, auch das noch! Was sie auf ihrer Berliner Pressekonferenz peinlichst vermieden hatten, blieb ihm diesmal nicht erspart. Hatte doch dieser Volltrottel von Journalist tatsächlich geschrieben, die Chancen für diese Fusion stünden aber sehr schlecht, da er mit Michel die Behauptungen dieser Amerikaner experimentell widerlegt habe. Wieso müssen sich diese Ignoranten von Schreiberlingen eigentlich immer gleich eine eigene Meinung bilden? Warum können sie nicht einfach zuhören und präzise das aufschreiben, was ihnen gesagt wird? Nie mehr im Leben, nahm sich Trosa vor, würde er den Sicherheitsabstand von mindestens einhundert Metern zu einem Journalisten noch einmal unterschreiten. Das wird dir nicht schwer fallen, dachte er mit sarkastischer Bitterkeit, denn dich fragt jetzt sowieso keiner mehr.

Warum regte er sich über diese absolut belanglosen Zeilen eigentlich so auf? Wer würde die überhaupt lesen? Er selbst las doch auch jeden Tag nur von weniger als einem Prozent aller Artikel in der Zeitung mehr als die Überschrift. Überschrift? Er kramte in seinem Jackett. Dort mußte noch der Zettel stecken, den ihm Frau Domus gestern zugeschoben hatte. Sein Herz stach, drückte und verkrampfte sich regelrecht, als er an Dagmar dachte. Was würde sie jetzt von ihm denken? Er konnte ihr doch nie wieder unter die Augen treten. Bei wem konnte er sich überhaupt noch sehen lassen?

Na bitte, da stand es schwarz auf weiß in ihrer schnellen flüchtigen Schrift, die er dennoch sehr anziehend fand. Was ist eine schöne Handschrift? Nein, schön war nicht der richtige Ausdruck. Es gab einfach Handschriften, die man sympathisch fand, die einen neugierig machten auf den Menschen, zu dem sie gehörten. Er war kein Experte auf diesem Gebiet. Die Hochkonjunktur der Graphologen, als sie noch um Gutachten über die Schrift von Stellenbewerbern gebeten wurden, war seit Jahrzehnten mehr oder weniger vorbei. Dennoch war für ihn auch im Zeitalter der Textverarbeitung die Schrift ein Stück der Persönlichkeit geblieben, so wie die Gesichtszüge, ein spezielles Lächeln, Farbe und Fall der Haare oder eine besondere Art, sich zu bewegen. Dies alles prägte meist schon in den ersten Sekunden einer Begegnung seine Einstellung zu einem anderen Menschen, die sich nur sehr selten als korrigierbar erwies. Dagmars Schrift, so fand er, erweckte schon genau jenen Eindruck, den ihre ganze Persönlichkeit dann so charmant bestätigte. Dies aber gehörte nun zu einer unwiederbringlichen Vergangenheit.

Er hatte es sich doch gedacht! Im Prinzip war es die von Dagmar vorhergesagte Überschrift. Nur hatte dieser widerliche Halunke von der Zeitung das kleine, aber keineswegs unwesentliche Wörtchen *zusätzlichen* einfach wegge-lassen. Keine *zusätzlichen* Mittel hatte der Minister bereitgestellt. Dies hieß aber mitnichten, daß sie gestern beschlossen hatten, überhaupt keine Mittel zur Verfügung zu stellen, wie es diese verlogene Überschrift nun suggerierte. Von wegen Platzmangel, von wegen, Überschriften müssen kurz und knapp sein! Auf dieses Ammenmärchen würde er nicht hereinfallen, da steckte eine systematisch ausgekochte Bosheit dahinter. Aus irgendeinem undurchsichtigen Grunde mußte dieser Wortjongleur das satanische Bedürfnis entwickelt haben, dem Minister eins auszuwischen – und ihm, Trosa, gleich kräftig mit!

Warum hatte er eigentlich den Zettel mit dieser kreuzgefährlichen Überschrift nicht gleich dem Minister weitergereicht? Wenn er wenigstens auf diese Idee gekommen wäre, dann hätte der vielleicht noch in letzter Sekunde die Chance ergriffen haben können, den Beschluß um ein oder zwei zusätzliche Millionen zu modifizieren. Vor allem würde er ihm heute keine Vorwürfe machen können.

„hätte ... haben können!" Jetzt war er auf dem besten Wege, seinen Verstand völlig zu verlieren. Ein Konjunktiv in der Vergangenheit! Das war der blanke Schwachsinn! Das eben war das Wesen der Vergangenheit, daß es in ihr keinen Konjunktiv mehr geben konnte. In der Zukunft, ja, da war das etwas anderes, da gab es wirklich die Chance des Konjunktivs – aber nur für die, die ihren Verstand auch rechtzeitig zu gebrauchen wußten! Und zu denen gehörte er leider nicht. In der Schule war Grammatik einst eines seiner Hobbys gewesen. *Konjunktiv II in irrealen Konditionalgefügen* lautete, wenn er sich recht erinnerte, die korrekte Bezeichnung für den haarsträubenden Blödsinn, den er sich da eben ausgedacht hatte. Daß es die Grammatik einer anständigen Sprache überhaupt erlaubte, solch geistlose Konstrukte zu formulieren. Da faselten seit Jahren irgendwelche Bürokraten von einer Rechtschreibreform, die es noch dem Dümmsten erlauben sollte, fehlerfrei zu schreiben. Nein, eine Reform der Grammatik war statt dessen endlich geboten, die ein für allemal zur Disziplinierung verwirrter Geister die Formulierung offenkundiger Dummheiten unmöglich machte.

Und außerdem, was war das für eine Schnapsidee – wegen einer Journalistenfrage einen Expertenbeschluß umzukippen. Klagte er nicht selber fast jeden Tag darüber, daß diese Journalisten ohnehin schon zuviel Macht im Lande hatten? Und nun wollte er allen Ernstes einem Minister das Recht einräumen, sich einem Journalisten zuliebe über ein Expertenvotum hinwegzusetzen. Das war geradezu grotesk.

Was war das eigentlich für ein Käseblatt, das er da abonniert hatte und über das er sich so aufregte? Wenn er sich recht erinnerte, erschien diese eingebildetste aller Zeitungen in einer kümmerlichen Auflage von 400.000 Exemplaren. Was war das schon, gemessen an den 65 Millionen Deutschen in der Bundesrepublik? Nichts war das, absolut nichts, nicht einmal der Stich einer Mücke in die Haut eines Elefanten.

Aber in der ihnen eigenen teuflischen Art hatten sie es verstanden, ihre abgrundtief bösartige Botschaft schon in der Überschrift unterzubringen. Den Text, das hatte er sich ja gerade noch zu seinem eigenen Trost gesagt, den würde ohnehin keiner lesen. Jetzt war ihm auch das nicht mehr recht. Diese mickrigen 400.000 Leser waren auch nur ein schwacher Trost, denn gerade diese Zeitung zeichnete sich dadurch aus, daß sich jeder von denen einbildete, etwas Besonderes zu sein, und zu allem Übel war das nicht einmal ganz falsch.

Außerdem, schoß es ihm durch den Kopf, war seine gute Zeitung ja vielleicht überhaupt völlig unschuldig. Diese hinterlistige Frage hatte doch der DPA-Mann gestellt. Dann mußte der auch diesen skandalösen Titel ausgeheckt haben, wie es Dagmar vermutet hatte, und dann würde der heute in fast allen deutschen Zeitungen stehen! Obwohl er schon geglaubt hatte, nicht mehr tiefer fallen zu können, brach er bei diesem Gedanken erst richtig zusammen. Diese Katastrophe wurde nun endgültig sein persönlicher GAU – sein Größter Anzunehmender Unfall!

Am Ende des Berichtes verwies eine Fußnote auf einen weiteren Artikel im Wissenschaftsteil. Mühsam raffte er sich auf, auch den noch zu lesen. Schlimmer konnte es nun wirklich nicht mehr werden. Das war direkt unglaublich. Der Artikel mußte doch spätestens am Nachmittag oder Abend des gestrigen Tages geschrieben worden sein. Mitten in der Nacht, als die Nachricht von General Power eingegangen war, hatte der Redakteur ihn offensichtlich noch einmal überarbeitet. Was er da las, war ja unendlich lieb und nett. Am liebsten hätte er jetzt diesen verständnisvollen Wissenschaftsredakteur seiner über alles geliebten Zeitung mit Tränen der Rührung in den Augen fest in die Arme geschlossen. Der schrieb doch tatsächlich, daß die Ankündigung von General Power noch keineswegs heißen müsse, daß es diese Fusion wirklich gab. Die Firma sei in keiner Weise verpflichtet, dieses Geld vollständig auszugeben, und könne die begonnenen Arbeiten jederzeit wieder einstellen, wenn sie vom Erfolg nicht mehr überzeugt sei. Diese Fusion, so endete der Artikel, darf erst dann als gesichert gelten, wenn sie von anderen unabhängigen Wissenschaftlern nachvollzogen werden konnte.

Ach, du lieber guter Freund, dachte Trosa, wie allzu gern würde ich dir nur glauben, aber sei mir bitte nicht böse, das ist mein Geschäft, das muß ich wirklich besser wissen. Du kannst noch so viele schöne und trostreiche Ausflüchte erfinden, ich sage dir, daß es jetzt erwiesen ist, daß es diese verdammte Fusion tatsächlich gibt.

Nur gut, sinnierte Trosa weiter, daß es mir gestern gerade noch in letzter Minute gelungen ist, wenigstens Baumann auf meine Seite zu ziehen. Das wird ein Tag werden heute! Das Telefon wird heißlaufen; alle Teilnehmer des Hearings werden mich verwirrt bis schadenfroh anrufen. Wenn ich das bloß schon hinter mir hätte!

Allmählich kehrte ein Minimum seiner Handlungsfähigkeit zurück, und er ging ans Telefon: „Guten Morgen, Frau Lohrbach, ich wollte Ihnen nur sagen, daß ich erst gegen zehn Uhr ins Institut komme. Heute werden eine Menge Leute anrufen, die Sie bitte alle bis nachher vertrösten, denn ich muß erst noch dringend mit Professor Michel in Berlin telefonieren. Danach mache ich mich sofort auf den Weg. Bis dann!"

Es war gut gewesen, zuerst Frau Lohrbach anzurufen. Die vertraute Stimme, der keine Aufregung anzumerken war, der Gedanke an sein Büro, die Tatsache, einfach wieder etwas zu tun, das alles erzeugte einen Hauch von Normalität, der er jetzt so dringend bedurfte.

Michel erreichte er schon in dessen Institut: „Grüß dich, Hans, hast du schon die Zeitung gelesen?"

„Ja, Stefan. Wie du weißt, pflege ich etwas früher aufzustehen als du, und ich dachte mir in meiner einfühlsamen Art, daß es für dein Herz besser sei, dich nicht gleich per Telefon mit dieser Hiobsbotschaft aus den Federn zu reißen. Ich wußte ja, daß du irgendwann anrufen würdest."

Gott sei Dank, dachte Stefan, wenigstens blieb es ihm erspart, dem Freund das ganze Drama erzählen zu müssen. In Wahrheit wird sich Hans wohl daran erinnert haben, daß dem Überbringer einer schlechten Nachricht meist die größere Schuld zugewiesen wird als dem Verursacher.

„Hast du auch die Sache mit General Power gelesen?"

„Natürlich, hätte ich sonst von einer Hiobsbotschaft gesprochen?

„Also ist auch dir klar, daß der Rosenstock nun doch über beinharte Beweise verfügt!"

Trosa hoffte auf Widerspruch, und er wurde nicht enttäuscht.

„Stefan, ich bin und bleibe vorsichtig. Das Geschwätz der Zeitungen wird morgen vergessen sein. Das einzige, was Bestand haben wird, sind eindeutige Beweise. Wir vermuten zwar, daß es die gibt, aber daran glauben werde ich erst, wenn ich sie gesehen habe."

Diese Unerschütterlichkeit möchte ich besitzen, dachte Trosa. Michels Standhaftigkeit übertrug sich aber insoweit auf ihn, als er allmählich die Fähigkeit zurückgewann, aus der neuen Situation rationale Schlüsse zu ziehen.

„Hans, wie dem auch sei, bis zum Beweis des Gegenteils werde ich jetzt jedenfalls davon ausgehen, daß es diese Fusion tatsächlich gibt. Ich denke, wir haben keine andere Wahl. Die einzige Möglichkeit, unsere Haut doch noch zu retten, sehe ich darin, daß wir jetzt nicht warten, bis uns einer die Beweise auf einem silbernen Tablett serviert, sondern daß es uns gelingt, diese selber zu finden. Wir müssen also mit den ohnehin geplanten Experimenten unverzüglich beginnen. Wir sind es dem Minister auch schuldig, daß wir als erste im Sinne seines gestrigen Beschlusses handeln. Meine Schallemissionsanlage und die schwere Zugprüfapparatur, die ich zur Einleitung des Bruchgeschehens einsetzen möchte, sind nicht ganz so leicht nach Berlin zu transportieren. Deshalb möchte ich vorschlagen, daß du deine Detektoren einer Spedition anvertraust, damit wir die Experimente hier machen können. Sollten wir wider Erwarten zu viele Neutronen erzeugen, dann können wir immer noch zu Schröder ins Kernforschungszentrum umziehen."

Da Michel Schröders Verstimmung gestern deutlich gespürt hatte, hielt er dies für eine sehr gute Idee und schlug sogar vor, ihm sofort eine Zusammenarbeit anzubieten.

Als Trosa im Institut eintraf, mußte er sich eingestehen, daß er noch keineswegs über den Berg war. In der Magengegend, die ohnehin seine Achillesferse darstellte, spürte er zwar keinen Schmerz, aber einen undeutlichen Druck, der ihn unangenehm an die normalerweise nicht wahrnehmbare Tatsache erinnerte, eben auch einen Magen zu besitzen.

Nachdem er Frau Lohrbach mit einem etwas gequälten Lächeln begrüßt hatte, legte er ihr kommentarlos die bewußte Zeitungsseite auf den Schreibtisch und zog sich dann in sein Büro zurück. Wie froh war er doch, daß sich zwischen ihnen unnötige Worte erübrigten. Sie würde die Artikel lesen, seine Lage sofort verstehen, dann genau wissen, welche Anrufe sie durchzustellen hatte, und ansonsten geduldig warten, bis er das Bedürfnis verspürte, ihr einen Teil seiner Gedanken mitzuteilen.

Der erste Anruf kam von Hering.

„Herr Professor Trosa, ich kann leider nicht umhin, Ihnen mitteilen zu müssen, daß der Minister über die heutige Berichterstattung in der Presse sehr ungehalten ist."

„Trösten Sie ihn, das bin ich auch!" fiel er ihm gereizt ins Wort.

„Sie meinen, das soll ich dem Minister wirklich ausrichten?"

„Nein, natürlich nicht, lieber Hering", hatte er sich wieder in der Gewalt. „Sagen Sie dem Minister, die neue Situation würde lediglich bewirken, daß sein kluger Beschluß nun besonders zügig umgesetzt wird. Ich bin sicher, Hering, noch bevor Sie Ihr Informationsschreiben fertig haben, werden die ersten Umstellungsmeldungen bei Ihnen eingehen, und Sie werden schon in den nächsten Tagen über eine erkleckliche Summe berichten können, die in Deutschland für diese Fusionsforschung aufgebracht wird."

Was er da sagte, gefiel Trosa mit einem Male selber so gut, daß er wirklich daran zu glauben begann, es werde sich schon noch alles zum Guten wenden. In diesem neu erwachten Hochgefühl legte er gleich noch etwas nach: „Michel und ich, wir haben das eben kurz überschlagen. Aus unseren laufenden Projekten werden wir rund zweihunderttausend Mark in die Fusion stecken. Sie dürfen das schon in Ihre Liste eintragen. Die schriftliche Bestätigung erhalten Sie in den nächsten Tagen."

Als er ihm dann auch erklärte, was sie vorhatten, blieb Hering nichts weiter übrig, als ihm viel Erfolg zu wünschen.

Mit dem gleichen Optimismus und Tatendrang gelang es ihm auch, Baumann vorerst zu beruhigen, der schon gefürchtet hatte, diese grandiose Fusion sei für alle Zeiten an General Power verloren. Der Gedanke, daß bei einer derart neuen Entdeckung unmöglich schon alle technischen Realisierungsmöglichkeiten patentrechtlich abgesichert sein konnten, leuchtete ihm ein. Baumann erblühte regelrecht in Euphorie und versprach auch seinerseits eine finanzielle Beteiligung, als ihm Trosa anbot, gleich in den kommenden Tagen die Michelsche Idee der zusätzlichen Erbrütung von schwerem Wasser gemeinsam zu formulieren und zum Patent anzumelden.

Birkenau, der sich auch noch meldete, war offenbar durch nichts zu erschüttern. Mit stoischer Unbeirrbarkeit pflegte er weiter seinen Skeptizismus und verkündete polternd, daß er das ganze Gerede von General Power nur für einen Bluff zur Abschreckung der Konkurrenz halte. Trosa zog es vor, ihn in diesem von ihm nicht geteilten Glauben zu lassen und hütete sich, von seinen Plänen zu sprechen, die ihn in Birkenaus Augen nur als Umfaller disqualifiziert hätten.

Ganz im Gegensatz zu seinen Befürchtungen war von diesen Telefonaten für Trosa eine derart wiederbelebende Wirkung ausgegangen, daß er jetzt das Bedürfnis empfand, Frau Lohrbach zu einem gemeinsamen Kaffee zu bitten und ihr nach einigen Erklärungen gestand, daß er heute früh nicht in der Lage gewesen sei, irgend etwas zu sich zu nehmen. Dann tranken sie mehrere Tassen Kaffee miteinander, während Trosa sehr plastisch alle Eigenarten der Menschen schilderte, denen er gestern begegnet war, und Frau Lohrbach diesen mit ihrer weiblichen Lebensklugheit immer neue Aspekte abgewann.

Als einige Tage später Jürgen Maas aus Houston zurückkehrte, brachte das eingespielte Trio, das inzwischen durch den erfreulich fidelen

Doktor Schröder zu einem Quartett erweitert worden war, einen halben Tag damit zu, alle Neuigkeiten vom ACA-Meeting gründlich auszuwerten. Man bedauerte allgemein, daß es Jürgen Maas am Ende doch nicht möglich gewesen war, das Institut von Cox zu besuchen. Alle waren aber fest entschlossen, dieser mysteriösen Fusion nun endlich auf die Spur zu kommen.

XI

„Frau Lohrbach, ich muß dringend mit Charles Burton in Los Angeles sprechen. Hier ist ein Brief mit seiner Telefonnummer."

Stefan Trosa hatte die Einladung für Vortragsanmeldungen zu dem von der American Electrochemistry Institution in den USA geplanten Symposium vor sich auf dem Schreibtisch liegen. Das konnte unmöglich wahr sein! Da mußte bei irgendeinem Adlatus von Charles Burton eine Sicherung durchgebrannt sein.

Endlich war die Verbindung hergestellt: „Hello Charly, hier ist Stefan Trosa. Ich habe hier eure Vortragsanmeldung für das Symposium in Los Angeles vor mir liegen. Ich werde dir gleich per Fax einen Beitrag von uns anmelden. Aber hier steht, daß Autoren um Anmeldungen gebeten werden, die die kalte Kernfusion bestätigen können. Sonst nichts. Das muß doch ein Mißverständnis sein?"

„Nein. Warum ein Mißverständnis?"

„Charly, das fragst du doch nicht im Ernst? Ihr könnt doch unmöglich nur Leute zulassen, die die Arbeit von Rosenstock und Cox bestätigen."

„Stefan, so einfach ist das nicht. Es gibt inzwischen sicher mehr als hundert Arbeitsgruppen in der Welt, die alle diese Versuche wiederholt haben. Die meisten haben nichts gefunden. Wenn wir uns das hundertmal anhören, dann wird das eine ziemlich langweilige Veranstaltung, und deshalb hat unser Vorstand diese Einschränkung beschlossen. Das war nicht meine Idee."

„Okay, das verstehe ich. Einfach nichts zu finden ist auch langweilig. Wir haben aber nicht einfach nichts gefunden, sondern wir können die Experimente deshalb nicht bestätigen, weil wir eine Reihe von Fehlern in der Arbeit entdeckt und aufgeklärt haben. Darüber muß gesprochen werden!"

„Sorry, Stefan, wenn ihr die Ergebnisse nicht bestätigt habt, dann können wir eure Arbeit nicht annehmen."

Trosa platzte der Kragen: „Charly, was du da sagst, ist eine neue Form der Inquisition, von der ich glaubte, wir hätten sie schon seit ein paar hundert Jahren überwunden, noch bevor eure Staaten gegründet wurden. Du willst mir doch nicht einreden, daß der Vorstand unserer Gesellschaft einen solchen Beschluß gefaßt hat?" Er sagte *unserer Gesellschaft*, weil er selbst Mitglied der American Electrochemistry Institution war.

Es hatte keinen Sinn, Charles Burton war nicht umzustimmen. Stefan kochte. Das hatte er nun von seiner blöden Ehrlichkeit. Was da in der Anmeldung stand, war eindeutig. Wieso mußte er auch nachfragen? Er hätte einfach einen Vortrag unter dem Titel „New Results in Cold Fusion" anmelden können. Das wäre nicht einmal gelogen gewesen. Die da drüben hätten nichts gemerkt, und er hätte seinen Vortrag halten können. Nein, statt dessen hatte er geschrieben: „A Critical Analysis of the Cold Fusion Experiments". Sollte er das Formular noch einmal ändern? Ach, Blödsinn. Was sie gemacht hatten, wußte ohnehin schon die halbe Welt, die es wissen mußte. Außerdem, wer war er denn? Hatte er es nötig, sich mit einem Trick die Zulassung zu erschleichen? Er schickte das Formular so ab, wie es war, und ließ Flug und Hotel buchen.

Das Hotelgebäude in Los Angeles gefiel ihm. Von außen sah es aus wie der Vierzylinder in München. Nach dem Einchecken ging er in die Lobby und ließ sich die Unterlagen geben. Es war wirklich die Höhe! Das Programm bestand aus zwölf Vorträgen, und sein Beitrag war nicht dabei. Mit den Damen vom Tagungsbüro Krach anzufangen, war zwecklos. Er mußte jemanden vom Vorstand oder Charles Burton treffen. Also schlich er am besten eine Weile in der Lobby herum, bis irgend jemand auftauchen würde, der diese unverfrorene Ignoranz mit einem Machtwort aus der Welt schaffen konnte.

Der eine oder andere sprach ihn an. Alles Leute, die er nicht kannte, nur Small talk. Inzwischen hatte er das Programm etwas eingehender studiert. Auch Dick Cones, der Rivale von Rosenstock, der in Titan Fusionsneutronen beobachtet hatte, würde sprechen. Soviel Anstand hatten sie also doch noch, daß sie wenigstens die Konkurrenz zu Wort kommen ließen. Rasch gestand er sich aber ein, daß dies kein ganz fairer Gedanke war, denn noch gab es nicht den geringsten Hinweis darauf, daß Werner Rosenstock hinter der Auswahl steckte. Die Leute vom MIT waren nicht da. Aber Donald McLloyd vom CalTech würde reden, von dem bekannt war, daß er alle Erkenntnisse von Trosa und Michel unabhängig von ihnen etwas später gewonnen hatte. Da schau her, der hatte sich im Titel auch keine Mühe gegeben, den wahren Inhalt seines Vortrages zu verbergen. Dumm, daß er diesen McLloyd nicht persönlich kannte.

Diese Tagunsschilder sind doch ein wahrer Segen, dachte Trosa kurze Zeit später. Nicht weit von ihm stand jener McLloyd. Rasch ging er auf ihn zu und machte sich bekannt. Sie versicherten sich schnell, daß sie ihre Arbeiten gegenseitig kannten. Das verband sie so sehr, daß sie sofort formlos dazu übergingen, sich mit dem Vornamen anzureden. Nachdem sie sich ein wenig über die Typen der verwendeten Meßgeräte ausgetauscht hatten, wollte Trosa wissen, wie es der andere fertiggebracht hatte, in das Programm aufgenommen zu werden.

Zur Beruhigung von Trosa stellte sich heraus, daß sie McLloyd die gleichen Schwierigkeiten bereitet hatten wie ihm. Erst als Donald damit gedroht hatte, daß er im Falle einer Zurückweisung seines Beitrages zeitgleich zum Symposium der AEI am CalTech eine Pressekonferenz abhalten und die Gründe seiner Ablehnung offenlegen werde, hatte Charles Burton eingelenkt.

Endlich tauchte Barry Lester auf. Er gehörte zum Vorstand, und Stefan war froh, ihn zu sehen. Barry war die Angelegenheit mit der Vortragsauswahl sehr peinlich, und er gestand, damals im Vorstand überstimmt worden zu sein. Nun, nachdem auch Donald McLloyd im Programm war, versprach Lester fest, sich noch einmal mit Nachdruck dafür einzusetzen, daß auch Trosa aufgenommen würde.

Als die beiden noch im Gespräch waren, tauchte Rosenstock auf, ging auf Trosa zu und sagte locker wie in längst vergangenen Zeiten: „Hello, Stefan, do you like a coffee?“

Sie gingen gemeinsam zum Coffee shop in der Hotelhalle und setzten sich an einen kleinen Tisch für zwei Personen, damit sie nicht gestört werden konnten. Stefan war doch etwas erleichtert, daß Werner nicht persönlich beleidigt zu sein schien. Sofort begann dieser in der ihm eigenen freundschaftlichen Art: „Ich habe vor einer Weile davon gehört, das man dich nicht in das Programm aufgenommen hat. Ich wußte das nicht. Es ist absolut unmöglich. Wir können nur vorankommen, wenn wir jetzt ganz offen über jedes Ergebnis sprechen. Alles, jede auch noch so kleine Beobachtung oder Fehlermöglichkeit, ist wichtig. Mach dir keine Sorgen, eben habe ich mit Charles Burton darüber geredet, und er hat mir versprochen, dich noch in das Programm aufzunehmen."

Langsam kamen Stefan doch Zweifel, ob Werner seine Arbeit, die immerhin kein gutes Haar an den Experimenten ließ, überhaupt gelesen hatte. Diese Sorge war unbegründet.

„Stefan, ich weiß, du kritisierst unsere Zelle... sie ist wirklich idiotisch", stellte er in einem Ton fest, als handele es sich um die kleinste Nebensächlichkeit der Welt.

„Habt ihr neue Ergebnisse mit einer anderen Zelle? Dann ziehe ich meinen Vortrag sofort zurück", war Stefan spontan bereit, sich auf die neue Situation einzustellen. Eigentlich konnte es nicht wahr sein, daß ein Mann wie Werner Rosenstock nur mit einer solchen Zelle gearbeitet hatte.

„Nein, noch nicht", erwiderte Werner. „Wir haben aber Experimente mit einer neuen geteilten Zelle in Arbeit. Leider wissen wir inzwischen, daß es mitunter Wochen dauern kann, bis eine Fusion beobachtet wird. Offenbar verhalten sich auch verschiedene Chargen von Palladium unterschiedlich, nicht jede ist geeignet. Es gibt noch vieles zu klären."

Das alles roch sehr nach einem langsam eingeleiteten Rückzug, fand Stefan.

„Werner, wie sieht eure Elektrodenzuführung aus?" beharrte er.

„Stefan, ich weiß, worauf du hinaus willst. Deine Knallgastheorie mag vielleicht für unsere ersten Versuche in Frage kommen. Morgen wirst du aber sehen, daß wir Ergebnisse haben, die man beim besten Willen nicht mit irgendeiner chemischen Reaktion erklären kann. Auch in unserer jetzigen Zelle kann ich deinen Schlußfolgerungen nicht zustimmen."

Das war nun doch eine so mutige und unhaltbare Behauptung, daß Stefan beschloß, den Frontalangriff zu wagen. Er holte Werners Zeichnung der Zelle hervor, zeigte auf den Draht über dem Wasserspiegel und sagte: „Du wirst doch nicht bestreiten wollen, daß in dieser Zelle das Knallgas in einer nichtexplosiven katalytischen Reaktion abreagieren muß."

Werner hatte sofort erkannt, daß dies die Zeichnung aus seiner Hand war. Er widerstand der Versuchung, sich nach der Herkunft des Blattes zu erkundigen. Das konnte ohnehin nur Wilson gewesen sein. Noch immer blieb er standhaft: „Warum?"

„Werner, hier geht ein blanker Palladiumdraht durch den Gasraum!" dabei zeigte Stefan noch einmal auf diesen Draht.

„Zeig mal, sollte ich wirklich vergessen haben, das Glasrohr, in das der Zuführungsdraht eingeschmolzen ist, einzuzeichnen? Tatsächlich, du hast recht. Das ist mir aber peinlich. Natürlich befindet sich da ein Glasrohr. Aber ich kann dir nicht einmal vorwerfen, daß du mich für so dumm hältst, wenn ich solch einen Fehler in der Zeichnung mache", sprach er, sich für diese Schludrigkeit regelrecht entschuldigend. Stefan mußte einsehen, daß es hoffnungslos war, ihm mit diesem unveröffentlichten Stück Papier beizukommen. Er glaubte ihm kein Wort. Vermutlich war das nicht die erste Lüge in dieser ganzen Fusionsgeschichte. Er war aber soeben zum ersten Mal persönlich Zeuge einer Lüge aus dem Munde des Entdeckers selbst geworden. Dies erfüllte Stefan mit einer seltsamen Mischung aus Verwirrung, Wut und tiefer Trauer. Er wußte plötzlich nicht mehr, auf welcher Basis er mit diesem Manne noch ein vernünftiges Gespräch führen sollte, so daß die Konversation nach einigen Belanglosigkeiten im Sande verlief und man sich mit dem üblichen „See you later!" verabschiedete.

Nach dem Abendessen begegnete er Charles Burton im Fahrstuhl, der ihm gleich erzählte, daß er in das Programm aufgenommen sei. Eigentlich sollte das Symposium am darauffolgenden Tag um sechs Uhr abends beendet sein, aber er sei froh, daß der Vorstand nun zugestimmt habe, seinen Beitrag noch am Ende anzufügen. Ein kleines Problem gäbe es aber noch. Zur gleichen Zeit, also sechs Uhr, sei eine Pressekonferenz mit Rosenstock, Cox und Cones angesetzt, die sich leider nicht mehr verschieben lasse. Die drei könnten deshalb seinen Vortrag nicht hören, aber mit dem Inhalt wären sie wohl ohnehin schon vertraut.

Trosa fand, daß auch in diesem Einlenken noch eine Infamie steckte. Auf diese Weise würde elegant verhindert, daß die Presse seinen Beitrag zur Kenntnis nimmt. Er ging jedoch davon aus, daß sich die meisten Journalisten die übrigen Vorträge anhören würden. So bliebe ihnen auch die Kritik von Donald McLloyd nicht verborgen. Er selbst würde schon in der Diskussion bei passender Gelegenheit einige Fragen stellen. Er befand Burton nicht für würdig, ihm diese Überlegungen mitzuteilen. Nicht verkneifen konnte er es sich hingegen, sich für den in letzter Minute verursachten Trouble mit dem Hinweis zu entschuldigen, daß er sich leider nicht imstande gesehen habe, aus Europa rechtzeitig ein so schweres Geschütz aufzufahren wie McLloyd mit seiner angedrohten Pressekonferenz. Bevor Burton etwas erwidern konnte, hatte der Fahrstuhl Trosas Etage erreicht.

Beim Frühstück am nächsten Morgen ergab es der Zufall, daß er mit Dick Cones zusammentraf. Der erwies sich als wirklich netter, bescheidener Kollege. Von der Wärmeentwicklung hielt auch er nicht das geringste. Nach seiner Ansicht war es absolut unseriös, in der Öffentlichkeit die Hoffnung auf eine neue Energiequelle zu wecken. Er würde das auch so deutlich in seinem Vortrag sagen. Er selbst hatte ausschließlich ein paar Neutronen gefunden, die ein Indiz für eine wissenschaftlich sehr interessante Reaktion im Inneren des Titans wären, sonst nichts. Von Energiegewinnung könne bei diesen paar Fusionsereignissen überhaupt keine Rede sein. Es stellte sich heraus, daß seine Neutronenmessung auch wesentlich zuverlässiger war als die von Rosenstock und Cox verwendete Methode: Hier war eben ein ordentlich ausgebildeter Physiker am Werk gewesen.

Er fand Cones so nett, daß er sich entschloß, ihm gegenüber ganz offen zu sein. Wenn es überhaupt noch einen Nobelpreis für diese merkwürdige Fusion gäbe, dann würde ihn wohl Cones erhalten. Es bestand also kein Grund, ihm seine eigenen Überlegungen und die sich daraus ergebenden Experimente zu verheimlichen.

Dick Cones kannte die Arbeit von Derjagin nicht, wie sich sofort herausstellte.

„Ja, es ist schon schlimm, wie wenig Sinn wir Amerikaner für Fremdsprachen haben. Ich will nicht sagen, daß dies böser Wille ist, aber alle Welt spricht Englisch und macht es uns damit einfach zu bequem. Wenn eine russische Arbeit nicht auch in englischer Übersetzung erscheint, dann wird sie bei uns leider nicht wahrgenommen", kommentierte er seine Bildungslücke.

Als Trosa ihm den Inhalt ausführlich schilderte, war Dick tief beeindruckt: „Das ist ja eine echte Offenbarung. Wir wissen inzwischen, daß nur dann Fusionsneutronen auftreten, wenn wir dem Elektrolytcocktail geringe Mengen Lithiumionen beimischen. Sonst wissen wir nicht viel; aber das ist sicher. Es sieht so aus, als sei die russische Arbeit ein Schlüssel zur Erklärung unserer Beobachtung."

Stefan erzählte Dick nun haarklein, welch raffinierte Messungen sie in den letzten Wochen unternommen hatten, um eventuelle Fusionsneutronen besser von denen der Höhenstrahlung unterscheiden zu können.

Cones fand die Idee mit der Bruchkorrelation hochinteressant, konnte aber auch nicht erklären, warum all diese Experimente bis jetzt absolut erfolglos geblieben waren.

Solcherart ins Vertrauen gezogen, beantwortete auch Cones Trosas Frage nach einer Vereinbarung mit Rosenstock über den Veröffentlichungstermin aufrichtig, indem er die Version bestätigte, die Trosa schon von Frau Domus gehört hatte. Man trennte sich in dem guten Gefühl voneinander, einen neuen Freund gefunden zu haben.

Rosenstock, dieser perfekte Regisseur seiner Auftritte, hatte offenbar zumindest auf die zeitliche Reihenfolge der Vorträge Einfluß genommen. Am Morgen sprachen Cones und einige andere, die entweder die Conesschen oder die Rosenstockschen Ergebnisse auf die eine oder andere Art bestätigt hatten. In den Diskussionen überwogen deutlich die eher skeptischen Fragen.

Anders als in Houston war dies ein reines Treffen der Elektrochemiker. Der Saal war mit etwa 600 Zuhörern knapp gefüllt. Es waren fast ausschließlich Forscher erschienen, die sich bereits selbst mit dieser Fusion beschäftigt hatten. Ein großer Teil kam aus Arbeitsgruppen, die sich vergeblich um eine Bestätigung bemüht hatten. Dies erklärte die im Gegensatz zu Houston viel kritischere Grundstimmung und die manchmal bohrenden Fragen nach experimentellen Details, denn viele wollten schließlich genau wissen, was der Grund dafür sein sollte, daß sie absolut nichts beobachtet hatten. Zusätzlich waren etliche Kollegen erschienen, die selbst keine Experimente durchgeführt hatten, sich aber dennoch sehr für die Sache interessierten – und sei es, weil sie Rosenstock schon seit vielen Jahren persönlich kannten.

Rosenstock hatte seinen Vortrag sehr geschickt an den Beginn des Nachmittages setzen lassen. Jeder hatte schon genug vom Thema gehört, um nun hinreichend gespannt darauf zu sein, was der Meister wohl selbst zu sagen hatte. Dies hätte für einen anderen die Schwierigkeit mit sich gebracht, gegen die Verdauungsmüdigkeit der Zuhörer ankämpfen zu müssen. Für einen Redner vom Schlage Rosenstocks war das bei diesem Thema aber nicht das geringste Handicap.

Cox saß in der ersten Reihe schräg vor Trosa, der am Mittelgang in der zweiten Reihe Platz genommen hatte. Er wirkte noch verstörter, als ihn Jürgen Maas nach seiner Rückkehr beschrieben hatte. Trosa empfand Mitleid mit diesem Mann, der offensichtlich in etwas hineingezogen worden war, das seinen Ehrgeiz und sein Stehvermögen bei weitem überstieg. Es waren schon Gerüchte im Umlauf, daß er sich von seiner Universität in Texas zurückziehen wolle, um sich bei General Power mit Rosenstock ganz der Fusion widmen zu können.

Rosenstock wußte genau, daß hier ein anderes Publikum anwesend war als in Houston. Hier hatte er überwiegend Fachkollegen vor sich, die jedes seiner Worte auf die Goldwaage legen würden. Vermutlich war das der Grund dafür, daß er sich offenbar entschlossen hatte, den Vortrag diesmal allein zu halten. Das Risiko eines unbedachten Wortes von Cox wollte und konnte er vor der eigenen Zunft nicht eingehen.

Auf die Erklärung einer simplen Wasserelektrolyse verzichtete er ganz. So etwas konnte er hier voraussetzen. Überhaupt vereinfachte er diesmal vieles nicht so stark wie in Houston. Gekonnt widerstand er der Versuchung, den anwesenden Journalisten effektvolle Platitüden zu bieten, die seinem Ansehen in den Augen der Kollegen geschadet hätten. Seine Erläuterungen und Überlegungen blieben dennoch leicht verständlich und wirkten deshalb umso überzeugender.

Die theoretische Akrobatennummer von Houston mit dem Wasserstoffdruck im Palladium hielt er auch hier für unverzichtbar. Nur hatte er sie vom schlichten Boden der Manege diesmal auf das viel imponierendere Hochseil verlegt. Um jede Kritik im Keime zu ersticken, brachte er selbst einige Korrekturen an der Gleichung an, die seinen Worten zufolge den ungünstigsten, also den geringstmöglichen Wert des Wasserstoffdruckes ergeben würden.

Mit diesen thermodynamischen Raffinessen reduzierte er den Anteil derer, die sich hierzu noch kompetent äußern konnten, auf weniger als zwei Prozent der Anwesenden. In der Tat ergab sich dann auch ein Wert, der diesmal um das Hundertfache unter dem Druck im Sonneninneren lag. Eine Katastrophe war das bei der Unsicherheit des Wissens in diesem Bereich wahrlich nicht. Es regte die Zuhörer aber zu etwa folgender einfacher Überlegung an: „Sicher ist eine Fusion unter diesen Bedingungen nicht. Da in die Abschätzung der Zahlen eventuell doch zu pessimistische Annahmen eingegangen waren und außerdem niemand weiß, ob wirklich der volle Sonnendruck erforderlich ist, könnte es mit etwas Glück vielleicht funktionieren."

Rosenstocks Kunst bestand darin, gerade dies nicht auszusprechen. Da erfahrungsgemäß jeder von seinen eigenen Ideen am meisten überzeugt ist, war es ihm mit diesem Trick gelungen, seinen Optimismus auf die meisten Zuhörer zu übertragen. Trosa durchschaute dies zwar, mußte sich aber eingestehen, daß er diese Hohe Schule der Manipulation noch nicht mit gleicher Perfektion beherrschte.

Rosenstock ging nun dazu über, die Experimente im einzelnen genauer zu beschreiben. Hierzu legte er die Folie einer Schemazeichnung der Elektrolysezelle auf. Das war aber nicht die einfache Handskizze, die Trosa besaß, sondern eine sauber gefertigte Computerzeichnung. Trosa stockte der Atem – er traute zunächst seinen Augen nicht. Um die kritischen Ableitungsdrähte herum waren fein säuberlich Glasröhrchen gezeichnet, die Rosenstock aber als Selbstverständlichkeit keines Wortes würdigte. So sehr sich Stefan auch bemühte, er saß immerhin in der zweiten Reihe, er konnte beim besten Willen nicht erkennen, daß die Röhrchen nachträglich eingezeichnet worden waren. Entweder hatte Rosenstock gestern nachmittag nicht gelogen, als er die fehlenden Röhrchen als kleinen Fehler seiner Skizze abtat, oder es war ihm über Nacht gelungen, die Folie auf einem Rechner zu korrigieren und neu auszudrucken. Ganz ausgeschlossen war auch das nicht.

Einen Moment erwog er, später im Businesscenter des Hotels nachzufragen, wer die PCs seit gestern benutzt hatte. Vielleicht würde er dabei auf Cox stoßen. Den Gedanken verwarf er aber schnell wieder. Mit welcher Begründung sollte er um eine solche Auskunft bitten? Sollte er wie Sherlock Holmes eine Pfeife in den Mund stecken und sagen, er sei einem wissenschaftlichen Betrug auf der Spur? Wie dem auch sei, Stefan erkannte nun endgültig, daß dieser Punkt niemals ans Tageslicht kommen würde und daß er diesen Trumpf abschreiben konnte. Er würde sogar seinen Vortrag ändern müssen: Jetzt konnte er mit dieser Möglichkeit nicht einmal mehr spekulieren. Mit dem Hinweis auf die neue Zeichnung wäre dies sofort ad absurdum zu führen. Er würde sich darauf beschränken müssen, ein gelegentliches Absinken des Wasserspiegels unter die Elektrodenoberkante zu postulieren, was mit dem nur sporadischen Auftreten der Wärmeentwicklung auch besser in Einklang zu bringen war.

Rosenstock kam jetzt zum Nachweis der Fusionsprodukte. Und wieder hatte er zu Trosas Leidwesen eine Überraschung parat. Er erwähnte zunächst korrekt, daß sie sich in ihrem Veröffentlichungsmanuskript auf drei unabhängige Säulen gestützt hätten: Den direkten Nachweis der Neutronen, deren indirekten Nachweis anhand der Gammastrahlung und die Messung des Tritiums. Mit der Gammastrahlung, gestand er lässig ein, hätten sie sich leider geirrt und die entsprechenden Messungen inzwischen offiziell zurückgezogen. Die Gammastrahlung sei zweifelsfrei auf Wismut-214 zurückzuführen, das leider auch im Beton ihrer Laborwände vorhanden sei.

Mit einem gewinnenden Lächeln gab er zu: „Wir stehen in dieser Frage nun nicht mehr auf drei Beinen. Bekanntermaßen sollen einem denkenden Menschen aber zwei Beine für einen sicheren Stand ausreichen."

Diese vorgetäuschte späte Einsicht mochte man glauben oder auch nicht, ein geschickter Schachzug war sie allemal. Den folgenden Rednern, die zu diesem Punkt etwas zu sagen hatten, McLloyd und ihm selber, blieb damit keine größere Sensation mehr übrig, als Rosenstock auch in diesem Punkte zu bestätigen.

Trosa mußte in diesem Moment an das Interview denken, das Rosenstock nach seinem Vortrag in Genf dem deutschen Fernsehen gegeben hatte. Damals hatte ihn der Journalist gefragt: „Ihr Ruf als Wissenschaftler wird ruiniert sein, wenn sich herausstellen sollte, daß Sie sich in dieser Sache geirrt haben. Was werden Sie dann tun?"

Rosenstock hatte daraufhin zunächst versonnen gelächelt und dann verschmitzt geantwortet: „Ich bin ein alter, pensionierter Professor, und jeder weiß, daß ich ein großer Liebhaber der toskanischen Weine bin und dort auch ein Ferienhaus besitze. Dahin werde ich mich dann zurückziehen und meinen Wein genießen."

Eine Zeitlang hatte Trosa das sogar als ein Indiz für Michels Theorie angesehen, Rosenstock könne sich dies alles nur als Jux ausgedacht haben. Nun aber verwarf er diese Möglichkeit endgültig. In diesem Manne steckten noch so viel Ehrgeiz, ein solch ungebrochener Kampfgeist und ein felsenfester Siegeswille; der glaubte daran, und der würde bis zu seinem Lebensende immer neue Wege finden, seine

Idee am Leben zu erhalten und Zweiflern den Boden unter den Füßen wegzuziehen. Bei der Neutronenmessung räumte er ein, daß ihr Zählrohr nicht von der neuesten und teuersten Art gewesen sei. Mit großem Respekt beziehe er sich deshalb auf die viel perfektere Neutronenmessung, über die der Kollege Cones am Morgen berichtet habe. Die Neutronenintensität stimme mit der von ihnen beobachteten recht gut überein, sei halt nur sehr viel zuverlässiger gemessen. Trosa hätte fast zu atmen vergessen, als er Zeuge wurde, wie Rosenstock selbst seinen gefährlichsten Rivalen noch zum Gehilfen umfunktionierte.

Beim Tritium teilte er keine Neuigkeiten mit, sondern blieb bei den alten Werten. Wenigstens ein kritischer Punkt bleibt für die Diskussion, dachte Trosa.

Die zum viereckigen Rad mißratene Erfindung einer neuen Art der Wärmemessung, die er schon in Houston gepriesen hatte, präsentierte Rosenstock erneut mit dem beschwörenden Pathos eines Zaubermeisters. Auch hier ging er ausführlicher auf Details ein, ohne daß sich dadurch auch nur eine einzige Athener Eule in einen Adler verwandelt hätte. Zum Glück folgten dann die schon aus dem Manuskript bekannten Versuche und Ergebnisse zur Überschußwärme, so daß wenigstens Trosas zentraler Angriffspunkt Bestand hatte.

Rosenstock wäre sich jedoch selbst untreu geworden, wenn er nicht zum Abschluß doch noch einen Joker aus dem Ärmel gezogen hätte. Er legte eine direkt vom Schreiberpapier kopierte Folie mit Temperaturmessungen auf den Overheadprojektor und verkündete dazu:

„Dies ist unser neuestes Ergebnis. Die grüne Kurve zeigt die Temperatur des schweren Wassers im Inneren der Elektrolysezelle. Sehr gut können Sie erkennen, daß diese Temperatur nach Tagen eines konstanten Verlaufs innerhalb von zehn Minuten um mehr als dreißig Grad angestiegen ist, um für mehrere Stunden auf diesem Niveau zu bleiben." Nach einer kurzen Pause zur Verinnerlichung dieser Sensation fuhr er fort:

„Meine Damen und Herren, die diesem Temperaturanstieg entsprechende freigesetzte Wärmemenge ist so groß, daß sie unmöglich das

Resultat einer chemischen Reaktion sein kann. Solange Sie uns in der Diskussion keine andere Erklärung anbieten können, sind wir geneigt, dies als eine klare Bestätigung dafür zu werten, daß eine Kernreaktion stattgefunden haben muß. Ich danke Ihnen sehr für Ihre geduldige Aufmerksamkeit", endete er höflich.

Trosa war wütend. Diese Kurve allein besagte rein gar nichts. Es kam alles auf die Größe der Zelle an, genaugenommen auf das Verhältnis des Elektrodenvolumens zum Wasservolumen. Exakt das hatte Rosenstock aber verschwiegen. Trosa würde sich diesen Punkt bis zuletzt aufheben.

In der Diskussion ergab es sich, daß zuerst einige recht harmlose Fragesteller zu Wort kamen. Dann war Donald McLloyd an der Reihe. Trosa war gespannt. Er wies darauf hin, daß schweres Wasser von Natur aus Tritium enthält, und zwar in Mengen, die den von Rosenstock mitgeteilten durchaus vergleichbar sind. Dann fragte Donald nach dem Tritiumgehalt zu Beginn der Versuche.

Rosenstock versicherte, der sei deutlich niedriger gewesen. Es war offenkundig, daß von dieser recht allgemeinen Behauptung keine besondere Überzeugungskraft ausging. Nun schien der Moment für Trosa gekommen.

Er wandte sich zunächst direkt an den vor ihm sitzenden Cox. Er war sich bewußt, daß die nun folgende Frage eine schwere Zumutung darstellte. Trotz seines Mitleids konnte er Cox diese jedoch nicht ersparen. Fast wie ein Staatsanwalt im Gerichtssaal fragte er:

„Professor Cox, ich habe hier einen Bericht vorliegen, wonach Sie an der Universität von Minneapolis mitgeteilt haben, sie hätten auch Vergleichsversuche mit normalem Wasser durchgeführt und dabei ganz ähnliche Wärmeeffekte gemessen. Wie erklären Sie sich diese Ergebnisse?"

Der gespielt freundliche Ton und die harmlos klingende Stimme konnten den tödlichen Dolchstoß nur höchst unvollkommen tarnen. Eine unendlich lang erscheinende Schrecksekunde angespannten

Schweigens verging. Noch lange bevor Cox nach dem Schock auch nur Luft holen konnte, ertönte explosionsartig Rosenstocks jetzt scharf und gereizt klingende Stimme:

„Das ist absolut frei erfunden. Dabei kann es sich nur um ein rufschädigendes Gerücht handeln, das aus naheliegenden Gründen von gewissen Leuten in die Welt gesetzt wird."

Während Cox wie von einem Granatsplitter getroffen zusammenzuckte, quittierte Trosa die Antwort mit dem Lächeln eines Schachspielers, dem soeben ein Überraschungszug gelungen war, der den Gegner zum Schachmatt treiben würde. Er verzichtete darauf, daran zu erinnern, daß er eigentlich Cox um eine Antwort gebeten hatte. Sein Gespür für Stimmungen im Raume sagte ihm, daß er sein Ziel diesmal nicht verfehlt hatte. Für ihn stand fest, soeben die zweite Fusionslüge provoziert zu haben.

Mit der scheinheiligen Wißbegier eines Sympathiepunkte sammelnden Schülers wandte er sich nun wirklich an Rosenstock:

„Zu ihrem letzten Versuch würden mich einige Details interessieren. Wie groß war die verwendete Elektrode, und wieviel schweres Wasser befand sich in der Zelle?"

„Professor Trosa", erwiderte Rosenstock nun wieder ganz konziliant und aufrichtig bedauernd, „nur allzu gern würde ich Ihnen diese einfache und natürlich naheliegende Frage beantworten. Es handelt sich aber um einen ganz neuen Versuch, dessen Randbedingungen und Verlauf wir für einige Erweiterungen des von uns bereits angemeldeten Grundpatentes nutzen wollen. Sie haben gewiß Verständnis dafür, daß uns die Anwälte in dieser Situation dringend von allen weiteren Auskünften abgeraten haben."

Höflich dankend verneigte sich Trosa leicht und nahm wieder Platz, sehr zufrieden auch mit dieser Antwort.

Die folgenden Beiträge waren eigentlich keine Bestätigungen mehr. Die Autoren hatten ihre wahre Absicht nur hinter einem geschickt formulierten Titel und einer nichtssagenden Kurzfassung verborgen. Sie waren in der Tat nicht sehr spannend, da sie nur verschiedene Varianten ergebnislos gebliebener Experimente beschrieben. Rosenstock beteiligte sich interessiert an der Diskussion und gab da und dort wohlwollende Hinweise, wie man die Versuche vielleicht erfolgreicher gestalten könne.

Schließlich betrat McLloyd, der in der ursprünglichen Programmfolge als der konsequenteste Kritiker galt, das Rednerpult. Er zeigte zunächst Ergebnisse, die wie gemessene Neutronenraten aussahen. Als jeder erkannte, daß dabei einige durchaus an die von Cones und Rosenstock vorgelegten Werte heranreichten, gestand er süffisant, daß es sich keineswegs um Messungen handelte, sondern lediglich um Monte-Carlo-Simulationen auf dem Computer, die veranschaulichen sollten, welch stark variierende Ergebnisse man schlicht bei der Zählung der allgegenwärtigen natürlichen Neutronen zu erwarten habe. Trosa imponierte dieser Coup. Da war ein junger Mann, der sich anschickte, den Kampf gegen Rosenstock mit dessen Waffen zu führen.

Als er zu dem Gammapeak kam, zeigte er exakt jenen Grashalm des Wismut-214, den auch Michel gemessen hatte. Nur beiläufig mit einem Schuß Polemik in Richtung Burtons Programmplanung erwähnte er das Datum dieser Messung und ergänzte, daß Trosa, Michel und Maas in Berlin schon eine Woche früher die gleiche Einsicht gewonnen hatten. Trosa würde sich danach darauf beschränken können zu zeigen, daß man mit einer künstlichen Neutronenquelle tatsächlich den richtigen Peak messen konnte, den man bei den Fusionsexperimenten vergeblich suchte.

Bei den Wärmemessungen vertrat auch McLloyd die Knallgastheorie mit der chemischen Oxidation des Wasserstoffs. Er analysierte die Rosenstockschen Ergebnisse aber nicht so detailliert, wie Trosa dies vorhatte.

Die Zeit war bereits deutlich überschritten, so daß Charles Burton nun Rosenstock, Cones und Cox mit dem Hinweis auf die Pressekonferenz entschuldigte, weshalb eine echte Diskussion nicht mehr aufkommen wollte. Etwa dreißig Personen, bei denen es sich um Journalisten handeln mußte, verließen jetzt den Saal, um sich mit den drei Wissenschaftlern in einen Nebenraum zurückzuziehen.

Nachdem wieder Ruhe eingetreten war, kündigte Burton den letzten Vortrag von Professor Trosa aus Deutschland an. Warum dieser erst nachträglich in das Programm aufgenommen worden war, ließ er offen.

Als Trosa zum Pult ging, fühlte er sich eigenartig schlapp. Er mußte sich ausnahmsweise zwingen, engagiert zu wirken. Zum einen stand er vor dem Problem, daß ihm seine Vorredner schon manches vorweggenommen hatten, das er nun nur mit anderen Worten wiederholen konnte. Weit mehr noch aber empfand er Rosenstocks Abwesenheit als störend. Er fühlte sich dadurch nicht wirklich in seiner Ehre verletzt, sondern er kam sich vielmehr vor wie ein Matador, dem man einen viel zu schwächlichen Stier in die Arena geschickt hatte.

Während er den sehr überzeugenden Gammapeak auflegte, den man bei den Fusionsexperimenten leider nicht messen konnte, fand er halbwegs zu seiner Normalform zurück.

Stefan Trosa benutzte für seine wissenschaftlichen Vorträge nie ein Manuskript, denn er war ein glühender Verfechter der These, daß nur eine freie Rede souverän und überzeugend wirken konnte. Weit über hundert solcher Vorträge hatte er schon auf Kongressen, meist im Ausland, gehalten. Der englischen Sprache war er so weit mächtig, daß er alles, was er sagen wollte, auch sicher und verständlich ausdrücken konnte, notfalls mit kleineren stilistischen Fehlern und Germanismen, die er für tolerabel hielt.

Diesmal jedoch litt er unter dem Diktat, sich der englischen Sprache bedienen zu müssen. Natürlich hatte er Verständnis für die Notwendigkeit, die babylonische Sprachverwirrung durch eine einheitliche Wissenschaftssprache zu mildern. Weniger einverstanden war er im Moment damit, daß sich dafür ausgerechnet Englisch durchgesetzt hatte. Er hätte seinen Vortrag liebend gerne mit geschliffenen Formulierungen gewürzt und so manche leicht sarkastische oder polemische Spitze zwischen den Worten versteckt. Ganz spontan hätte er gelegentlich einen Satz Rosenstocks noch einmal aufgegriffen, ihm aber durch leicht modifizierte Formulierungen und eine variierte Betonung einen anderen Sinn verliehen.

Das alles, mußte er sich resignierend gestehen, war ihm in der Fremdsprache nicht vergönnt. Fast wehmütig dachte er daran, mit welch knapper Mehrheit sich einst das Englische gegenüber dem Deutschen in den Staaten durchgesetzt hatte. Als wirklich fair empfand er aber nur die Regelung des Mittelalters, als sich noch alle der lateinischen Sprache bedienen mußten, so daß keiner vom Wettbewerbsvorteil der eigenen Muttersprache profitieren konnte.

Es gelang ihm dann doch noch, eine spürbare Spannung im Saal zu erzeugen, als er die Hypothese aufstellte, es sei fraglos interessant, einmal jene Wärmemengen und deren Auswirkung auf die Temperatur im Inneren der Zellen zu berechnen, die freigesetzt würden, wenn der zuvor im Palladium gespeicherte Wasserstoff, aus welchem Grunde auch immer, mit dem vorhandenen Sauerstoff abreagierte. Wenigstens den englischen Konjunktiv beherrschte er perfekt!

Lässig fügte er hinzu, als er die entsprechenden Formeln auflegte, daß dies im Grunde genommen eine einfache Praktikumsaufgabe für einen Verfahrenstechnik-Studenten sei. Geschickt legte er den Wert des Elektrolysestromes und die Volumina der Elektroden und des Wassers in den Zellen so fest, daß sie exakt den Rosenstockschen Versuchsbedingungen entsprachen. Dies festzustellen, überließ er aber nicht dem Scharfsinn seiner Zuhörer, sondern es war ihm einen hilfreichen Hinweis wert.

Als er endlich in einer Tabelle die Rosenstockschen Meßwerte seinen berechneten Ergebnissen gegenüberstellte und er die Verblüffung förmlich greifen konnte, mit der jeder im Saal die frappierende Übereinstimmung registrierte, da war er bereit, mit der englischen Sprache wieder Frieden zu schließen. Er beendete seinen Vortrag mit der nun für jedermann nachvollziehbaren Feststellung, daß kein einziges der von Rosenstock und Cox wirklich offengelegten Meßergebnisse die Schlußfolgerung rechtfertige, daß tatsächlich eine Kernfusion stattgefunden habe.

Falls es nicht fair war, so war es jedenfalls nicht sein Verschulden, daß er jetzt in Rosenstocks Abwesenheit den lang anhaltenden Beifall in vollen Zügen genoß.

XII

Die Perfektion, die den Amerikanern in solchen Dingen nun einmal eigen war, bescherte Trosa am Morgen hinter der Tür auf dem Fußboden seines Zimmers ein Blatt Papier, auf dem Charles Burton allen Teilnehmern des Symposiums mitteilte, in welchen Zeitungen an diesem Tag ein Bericht über die Tagung erscheinen würde. Noch vor dem Frühstück begab er sich zu den Shops in der Hotelhalle, um von jeder Ausgabe zwei Exemplare zu kaufen.

Beim Kaffee stellte er befriedigt fest, daß die Zeitungen keineswegs einseitig über die Pressekonferenz berichteten, sondern viele Beiträge auch auf die zuvor gehaltenen kritischen Vorträge und Teile der Diskussion eingingen.

Es schmeichelte ihm, daß auch seine Fragen an Cox und Rosenstock in einem Artikel Erwähnung fanden. Ja, sogar über seinen Vortrag fanden sich einige Bemerkungen. Offenbar gab es Zeitungen, die mit mehreren Redakteuren und Journalisten vertreten gewesen waren, so daß man sowohl die Pressekonferenz als auch seinen Vortrag verfolgen konnte.

Trosa hatte noch ein paar Stunden Zeit bis zu seiner Abreise und zog sich deshalb noch einmal auf sein Zimmer zurück. Als er die übliche Hotelmappe auf dem kleinen Schreibtisch öffnete, stellte er fest, daß diese kein Briefpapier mehr enthielt. Statt telefonisch die Rezeption um ein paar Blatt zu bitten, riet ihm eine geheimnisvolle innere Stimme, doch besser selbst im Bürozentrum vorbeizuschauen. Man gab ihm freundlich und sich für seine Mühe entschuldigend das gewünschte Briefpapier.

In dem recht engen Raum standen mehrere Computer und Drucker auf kleinen Tischen. Während er sich höflich bedankte, konnte er der Versuchung nicht widerstehen, einen flüchtigen Blick in die daneben stehenden Papierkörbe zu werfen und entdeckte einige achtlos beiseite geworfene Probeausdrucke der Abbildung mit der Zelle, die ihn um ein Haar zur Salzsäule hätten erstarren lassen.

Nachdenklich und plötzlich von einer undefinierbaren Trauer erfaßt, ging er auf sein Zimmer zurück. Den einen Satz Zeitungen legte er in seinen Koffer, aus dem anderen schnitt er fein säuberlich alle die Fusion betreffenden Artikel heraus. Dann setzte er sich an den Schreibtisch und begann zu schreiben:

„Meine liebe Wahlschwester,

soweit ich es jetzt schon beurteilen kann, ist hier in Los Angeles für mich alles ganz gut gelaufen, obwohl sich eine wirkliche Befriedigung nicht so recht einstellen mag.

Auch wenn es jetzt so scheint, als hätte ich mit meiner ursprünglichen, in Berlin gewonnenen Einsicht recht behalten, werde ich für immer viel von meinem Stolz verloren haben. Das ist weniger eine Folge der Tatsache, daß auch ich in dieser Angelegenheit meine Meinung mehr als einmal geändert habe. Solange dies ehrlich und mit Anstand geschieht, ist es in der Wissenschaft immer legitim. Weit bedrückender wirkt der Umstand, daß ich noch immer nicht sagen kann, woran ich im Moment selber glaube. Sollten unsere Ergebnisse das letzte Wort sein, dann müßte ich in meiner Zunft Verhaltensweisen und Fehler akzeptieren, die ich bisher für undenkbar gehalten habe. Schon jetzt leide ich darunter, daß viele Begleitumstände dieser Affäre mein Vertrauen in das ungeschriebene Grundgesetz unserer Wissenschaft erschüttert haben.

Im Zentrum meiner Welt ist so etwas wie eine religiöse Sekte mit einer neuen Heilslehre entstanden. Sie trennt die Menschen in Gläubige und Ungläubige, sie ruft besorgte Gegner auf den Plan und verfügt über fanatische Propheten, die mit allen Mitteln zum Glaubenskrieg entschlossen sind. Ich selbst weiß nicht mehr so recht, ob ich noch zu den Gläubigen oder schon zu den Ungläubigen gehöre. Eher fühle ich mich ein wenig wie ein Außenseiter, den man plötzlich aus der Geborgenheit der Kirche vertrieben hat. Hier ist etwas geschehen, von dem ich mir wünschte, nie daran beteiligt gewesen zu sein.

Bevor ich mich wieder, hoffentlich unvoreingenommen, der Forschung widmen kann, muß ich mir über manches selber klar werden.

Ich werde deshalb nach meiner Rückkehr ein Freisemester beantragen und mich ein halbes Jahr lang im Tessin einquartieren. Ich denke, es sollte am Ufer des Lago Maggiore sein – in einem genügenden Sicherheitsabstand zu Como. Dort werde ich versuchen, ein Buch über diese Geschichte zu schreiben.

Sie wissen sicher, daß im Gegensatz zur *Science Fiction* die Literaturgattung einer *Science in Fiction* bereits erfunden wurde. Ich werde dieses Wortspiel nun fortsetzen und über *Fiction in Science* schreiben.

Aus den hiesigen Zeitungen lege ich einige Berichte bei und hoffe sehr, daß sie Ihr Wohlwollen finden werden.

Ich wäre Ihnen außerordentlich dankbar, wenn Sie davon einige Kopien, vielleicht mit einem kurzen persönlichen Kommentar, an den Forschungsminister schicken könnten. Es ist doch manches davon geeignet, den Herren die Befürchtung zu nehmen, unser damaliger Beschluß sei vollkommen falsch gewesen. Ich selbst möchte dies ungern tun, denn es sähe wohl zu sehr nach einem Rechtfertigungsversuch aus.

Jedenfalls bin ich um die Erkenntnis reicher geworden, daß wir als Naturwissenschaftler keinen berechtigten Grund haben, uns über den oft gesunden Menschenverstand vieler Journalisten zu erheben.

Mit dieser Einsicht grüße ich Sie herzlich,

Ihr Stefan Trosa."

Die Überschrift des Artikels in der „Los Angeles Times", in dem man sich auch auf ihn und seine Fragen berief, hatte er mit blauem Markierstift hervorgehoben. Sie lautete:

They try to lie low.

Epilog

Seit jenen Ereignissen sind über acht Jahre vergangen. Stefan Trosas Katzenjammer von Los Angeles war schneller als erwartet verflogen, und er hatte rasch in den wissenschaftlichen Alltag zurückgefunden. Keine einzige Veröffentlichung war in dieser Zeit erschienen, die ihn gezwungen hätte, eine seiner früheren Aussagen zu korrigieren. Allerdings war es auch nie ganz still um diese Kalte Fusion geworden. Immer wieder hieß es, Rosenstock und Cox würden irgendwo im verborgenen weiter verbissen an der Sache arbeiten. Keiner wunderte sich darüber weniger als Stefan, der von Werner nichts anderes erwartet hätte. Außer gelegentlichen Spekulationen waren keine prinzipiell neuen, wirklich belastbaren experimentellen Ergebnisse bekanntgeworden, so daß das Thema in der seriösen Wissenschaft als erledigt galt.

Eines Morgens erhielt Stefan einen Brief von Dagmar Domus. Sie standen noch immer in gelegentlichem Kontakt. Manchmal trafen sie sich am Rande einer Tagung, und die Zeit reichte für ein gemeinsames Abendessen. Bei solcher Gelegenheit genossen sie es, daß die spannenden Ereignisse von damals eine bleibende Verbindung zwischen ihnen geschaffen hatten. Ihre Wahlverwandtschaft hatte nichts von ihrem ursprünglichen Glanz eingebüßt, weil ihr das schleichende Gewöhnungsgift fehlte, das für jede weitergehende Beziehung eine Gefahr darstellte. Wenn ein Brief von ihr kam, dann konnte er sicher sein, daß er immer eine interessante Nachricht erhielt, auf die sie bei ihrer umtriebigen Tätigkeit gestoßen war. In solcher Vorfreude beschloß er wie ein kleiner Junge, die zu erwartende Neuigkeit für den Abend aufzusparen, um sie in Ruhe zu genießen, bevor er das Institut verließ.

Der Brief enthielt im wesentlichen ihre erstaunte Feststellung, daß er mit seiner einstigen Prognose einer neuen Religion in der Wissenschaft auf höchst verblüffend wörtliche Weise recht behalten habe. Statt einer Begründung verwies sie ihn aber nur auf ein paar Internet-Adressen und hatte zwei Zeitungsausschnitte beigelegt. In dem einen

Artikel wurde mitgeteilt, daß General Power nun endgültig alle Forschungsarbeiten zur Kalten Kernfusion eingestellt habe. Stefan empfand dies nicht gerade als Sensation und wunderte sich in diesen harten Wettbewerbszeiten höchstens über die schier unglaubliche Geduld von Männern wie Larry Repman, die er diesem nie zugetraut hätte. Wesentlich aufregender war der zweite etwas jüngere Artikel. Er trug den Titel: Ist die Kalte Fusion doch kein Flop? Von dieser Fusion war allerdings nur am Rande und eher in Form von Analogieschlüssen die Rede, während im Kern darüber berichtet wurde, daß man jetzt in den USA per Internet eine elektrochemische Zelle bei einer Ohio Group ordern könne, die offenbar wahre Kernumwandlungswunder zu vollbringen imstande war.

Stefan schaltete also seinen Computer ein und legte den Artikel und Dagmars Brief mit den weiteren Adressen neben die Tastatur, um sich gespannt durchs Netz zu klicken. Er hatte zu diesem Internet ein eher zwiespältiges Verhältnis. Es störte ihn erheblich, daß dort Qualitätssicherung geradezu den Rang eines Unwortes genoß. Weil man nie wissen konnte, ob sich eine Information als interessant oder trivial erwies, dämpfte er die Euphorie seiner Doktoranden gern mit dem Hinweis, daß dieses Internet die effizienteste Zeitvernichtungsmaschine sei, die je von Menschen erdacht wurde. Freilich änderte dies rein gar nichts daran, daß auch er im Netz schon oft sehr wichtige und vernünftige Informationen gefunden hatte.

Als er die Adresse der Ohio Group in den Browser getippt und Return gedrückt hatte, erschien bald auch eine schön farbige, schlicht kubische und ansonsten absolut nichtssagende Elektrolysezelle auf dem Bildschirm. Erwartungsvoll scrollte er sich zu dem darunter befindlichen Text und wußte im ersten Moment seine Verwunderung kaum zu beherrschen. Da wurde tatsächlich und allen Ernstes für nur 3000 Dollar eine schmucke elektrochemische Zelle feilgeboten, die sich *Low Energy Nuclear Transmutation Kit* nannte und nicht etwa nur diese simple kalte Kernfusion endlich beherrschte, sondern gleich auch radioaktives Thorium, das eigentlich die beachtliche Halbwertszeit von 14 Milliarden Jahren besitzt, innerhalb weniger Stunden in harmlose strahlungsfreie Elemente wie Kupfer und Titan umwandeln konnte. *Money back guarantee* stand sehr werbewirksam gleich neben dem

Preis. Freilich galt diese famose Garantie nur dann, wenn man sich ganz exakt an die mitgelieferte Experimentiervorschrift hielt. Ihr Trickdiebe, dachte Stefan, das kann ich auch – irgendeine idiotische Versuchsanordnung aufbauen, mit der man beliebigen Blödsinn messen kann. Ein Narr ist, so zuckte es durch sein gequältes Gehirn, wer dabei an die Alchimie und die Goldmacher von Graf Marco Bragadino, der 1591 am flittergoldverzierten Galgen endete, über Domenico Emanuele Cajetano, der 1709 im goldenen Gewand erhängt wurde, bis hin zu Johann Friedrich Böttger dachte, der 1719 in nur mäßig eingeschränkter Freiheit starb. Der Galgen blieb ihm erspart, weil er für August den Starken ersatzweise das Porzellan erfunden hatte.

Am Ende der Seite stand unterstrichen, so daß man draufklicken konnte: *About the Ohio Group*. Natürlich wollte Stefan wissen, was das für Leute waren. Namen und Adressen erfuhr man keine, aber nach einem Bibelzitat stellte sich heraus, daß es sich wenigstens nicht auch noch um Ketzer handelte, sondern, wie sie selbst treuherzig über sich schrieben, um charismatische Christen, um einfache Leute ohne jeden wissenschaftlichen Hintergrund, die dem Herrn auch ganz lieb für ihre Erleuchtung dankten.

So hatte sich wenigstens Dagmars sibyllinischer Hinweis auf die neue Religion aufgeklärt.

Eine der Adressen aus ihrem Brief führte Stefan dann zur Homepage der Cold Fusion Society. Zur Förderung der guten Kalten Kernfusion und anderer Energieerzeugungs- und Kernumwandlungswunder hatte sich in Texas, wo einst alles angefangen hatte, gleich ein neuer Verein gebildet, dem weltweit Mitglieder für 30 Dollar beitreten konnten und der eine eigene Zeitschrift *New Energy Newsletter* herausgab. Dort fand Stefan den Hinweis auf einen offenen Brief von Professor Gardener, der sich damals auch höchst seltsam benommen hatte. Als er ihn las, stellte er beruhigt fest, daß diesem doch noch ein Rest gesunden Menschenverstandes geblieben war, denn das Experiment der Ohio Group ging wohl auch ihm etwas zu weit. Jedenfalls gab er freundschaftlich ein paar Hinweise, wie man einige eventuelle Fehlerquellen bei diesem Experiment noch ausschließen könnte.

Man mußte nur ein wenig weitersurfen, und schon erfüllten sich die uralten Menschheitsträume mit der Beschreibung eines simplen Experimentes zur Umwandlung von Quecksilber in Gold. Es wunderte Stefan nun schon nicht mehr, daß auch dieses Wunder seiner malträtierten Elektrochemie zugeschrieben wurde. Und weil es so schön funktionierte, entstand auch gleich noch Platin. Ein paar Leute in Dallas hatten die Sache sofort bestätigt, doch neben Gold machten sie nur Hafnium und kein Platin – nun, nicht jeder kann eben gleich alles. Der neue Alchimisten-Superstar nannte sich beziehungsreich Jack Winner. Wo er wohnte, blieb geheim, aber wer Lust hatte, konnte ihm eine E-mail schicken.

Stefan hütete sich freilich, diesem Jack eine solche Ehre zu erweisen. Was hätte er ihm auch schreiben sollen? Höchstens ein sarkastisches Wort des Trostes, daß er dank der von ihm verhöhnten Aufklärung den Galgen gewiß nicht fürchten müsse. Statt dessen klickte er sich noch einmal zurück zur Cold Fusion Society. Tatsächlich erreichte man über deren Seiten, so wie es einer der Artikel angedeutet hatte, eine ganze Reihe von Manuskripten, in denen eine Bestätigung der Kalten Kernfusion behauptet wurde. Allerdings hätte wohl nicht einmal sein zustimmungssüchtiger alter Lieblingsfeind Charles Burton an diesen Machwerken seine ungetrübte Freude gehabt. Wenn sich die Autoren überhaupt der Mühe befleißigten, über sendungsbewußte Behauptungen hinausgehend experimentelle Details mitzuteilen, so waren diese von einer derart naiven Schlampigkeit, daß jeder Versuch einer unabhängigen Wiederholung einer blasphemischen Unverfrorenheit gleichgekommen wäre. Nein, jedenfalls für ihn, für Stefan Trosa, gab es in der Wissenschaft noch Dinge, die unter seiner Würde waren. Noch immer wurde da fast ausschließlich mit ungeteilten Zellen laboriert. Keiner dieser unbedarften Propheten dachte auch nur im Traum daran, wenigstens die elementarsten chemischen Fehlerquellen auszuschließen. Wie sollten sie auch, wenn sie offenbar nur unter ihresgleichen per E-mail und Internet kommunizierten und vernünftige Fachzeitschriften als Machwerke eines arroganten Establishments keines Blickes würdigten?

Dabei wäre es nach Stefans Meinung so einfach gewesen, die Wahrheit herauszufinden. Man müßte nur dem Vorschlag seines Freundes

Hans Michel folgen und dem schweren Wasser etwas Tritiumwasser beimischen. Wenn es tatsächlich möglich wäre, im Inneren irgendeines Wasserstoff aufnehmenden Metalls eine Deuterium-Fusion zu erzeugen, dann müßten die enormen Abstoßungskräfte der Deuteriumkerne überwunden werden. Wenigstens darin waren sich alle Befürworter und Skeptiker dieser Kalten Fusion einig. Dies galt selbst für jene Theoretiker, die im Anschluß an den primären Fusionsschritt die abenteuerlichsten neuen Kernreaktionen postuliert hatten. Bei einer Fusion von Deuterium mit Tritium waren diese Abstoßungskräfte wegen des zusätzlichen Neutrons um den Faktor einhundert geringer, weshalb das Eintreten einer solchen Reaktion einhundertmal wahrscheinlicher war. Zusätzlich lieferte diese Reaktion fünfmal mehr Energie als die Deuteriumfusion. Wenn es die Natur schon so heimtükkisch eingerichtet hätte, daß man bei der Deuteriumfusion immer nur Wärmemengen messen konnte, die gefährlich nahe bei denen einfacher chemischer Reaktionen lagen, dann müßte man also in Gegenwart von Tritium eine fünfhundertmal höhere Wärmeentwicklung beobachten, die über jeden Zweifel erhaben wäre. Da im Gegensatz zum Helium-4 ein Helium-5 bisher nicht bekannt war, müßten bei der Tritium-Deuterium-Fusion endlich auch Neutronen freiwerden, deren sicherer Nachweis direkt oder über die Gammastrahlung kein Problem darstellen sollte. Für Stefan Trosa war es absolut undenkbar, daß ein Mann vom Format eines Werner Rosenstock in den letzten Jahren nicht alles versucht hatte, um auf diesem Wege doch noch den Beweis für seine Kalte Fusion zu erbringen. Wäre er damit erfolgreich gewesen, so läge ihm längst die ganze Welt zu Füßen.

Wieder zurück bei der Cold Fusion Society fiel Stefans Blick am Ende der letzten Seite auf die Überschrift: „Nobelpreis für Werner Rosenstock und Derek Cox“. Was sollte das nun wieder heißen? Normalerweise ging die Entscheidung über einen Nobelpreis zuerst an alle Medien, die sie sofort weltweit verbreiteten. Außerdem, dachte Stefan, wenn das wahr wäre, hätte er schon lange vor dem Nobelpreis erfahren, daß es nun wirklich experimentelle Beweise für diese Fusion gibt. Wahrscheinlich hätte es sich Werner Rosenstock auch nicht nehmen lassen, ihn in einem solchen Falle selbst sofort zu informieren. Stefan wollte freilich wissen, was sich hinter dieser mehr als unwahrscheinlichen Meldung verbarg. Als er die Zeile angeklickt hatte, nervte ihn fast eine Minute lang die Meldung am unteren Ende des Bildschirmes: „Host kontaktiert. Warten auf Antwort..." Der Abend, wenn sich ganz Amerika im Netz tummelte, war eine denkbar ungünstige Zeit für solche Recherchen. Endlich wechselte die Meldung am Bildschirm in „Dokument übermittelt", und der Text erschien. Nein, eine Sensation war das wahrlich nicht, was er da lesen konnte. Ein Bill Swan, der Herausgeber des „New Energy Newsletter", hatte lediglich einige der Stefan nun schon zur Genüge bekannten Behauptungen mit flammender Begeisterung zusammengestellt und dies zum Anlaß genommen, die beiden auf diesem mehr als unkonventionellen Wege für den Nobelpreis vorzuschlagen.

Nach dieser Expedition in den Dschungel der Datenautobahnen lehnte sich Stefan Trosa mit einem Anflug von Müdigkeit entspannt in seinem Schreibtischsessel zurück. Eine Mischung aus fast ohnmächtiger Wut, Trauer, Scham und Resignation hatte sich seiner bemächtigt, als er frei nach Marx murmelte: „Dummköpfe aller Länder, vereinigt Euch im Internet!" und sich mit einem Klick auf das letzte „OK" aus dieser virtuellen Welt des globalen Dorfes zurückzog.

Ohne die Absicht einzuschlafen, schloß er für einen Moment die Augen. Als er sie wieder öffnete, schien es ihm doch so, als sei er für kurze Zeit eingenickt. Vage verspürte er das sich beim Übergang vom Schlaf zum Erwachen manchmal einstellende Gefühl, soeben einen aufregenden Traum erlebt zu haben, sich aber beim besten Willen an keinerlei Einzelheiten mehr besinnen zu können. Nur eine unsichere Erinnerung an das Bild der Sonne stellte sich ein. Noch war deren Farbe kein dunkel glühendes mahnendes Rot gewesen. Aber aus dem strahlenden Weiß waren die ersten sonst Optimismus versprühenden Blautöne herausgefiltert, und es bildete sich ein zarter, fast romantischer Hauch von Orange. Irgendwo in diesem modernen Labyrinth aus Silizium und Glasfasern, das mehr aus verwunschenen Sackgassen denn aus zielführenden Wegen bestand, so schien es ihm in einem Anflug von Wehmut, war er der untergehenden Sonne der Aufklärung begegnet.

Als dieses Traumbild allmählich verflog, drängte es Stefan Trosa, den Computer noch einmal anzuschalten und nach der E-mail-Adresse von Bill Swan zu suchen. Diesem schrieb er:

„Dear Bill,

unfortunately I was not able to find any address of my old friend Werner Rosenstock. You certainly will be able to get in touch with him. Therefore I would like to ask you to convey the following message to him.

Lieber Werner,

immer öfter beobachte ich, daß wir alle dazu neigen, so manchen Gedanken über einen anderen Menschen erst auszusprechen, wenn er schon gestorben ist. Weil ich mir diesen Vorwurf gern ersparen möchte, versuche ich Dir auf diesem Wege zu schreiben, denn die Tatsache, daß Dich Bill Swan erst kürzlich für den Nobelpreis vorgeschlagen hat, führt mich doch wenigstens zu dem erfreulichen Schluß, daß Du noch lebst. Was den Vorschlag anbelangt, so denke ich, unter uns beiden bedarf dieser keines weiteren Kommentars, es sei denn meiner Versicherung, daß ich Dir den Nobelpreis von Herzen gegönnt hätte.

Nein, es ist etwas anderes, woran ich denken mußte. Du hast mit dieser Fusion alles auf eine Karte gesetzt, die sich, ganz anders als erwartet, doch als der stärkste Trumpf erwiesen hat. Die schwere Krankheit, die Dich wenige Monate vor Deinen hoffnungsvollen Ergebnissen ereilt hat, hast Du heute, fast neun Jahre danach, ohne Zweifel endgültig besiegt. Ich bin fest davon überzeugt, daß dies ganz erheblich auch Deinem Glauben an die Kalte Fusion zu danken ist. Heute abend werde ich deshalb einen der von Dir geliebten Rotweine auf Deine Gesundheit trinken, und damit wünsche ich Dir ein langes Leben.

Mit herzlichen Grüßen
Dein Stefan“